翔べ、MRJ

世界の航空機市場に挑む「日の丸ジェット」

日刊工業新聞社 編
杉本 要 著

B&Tブックス
日刊工業新聞社

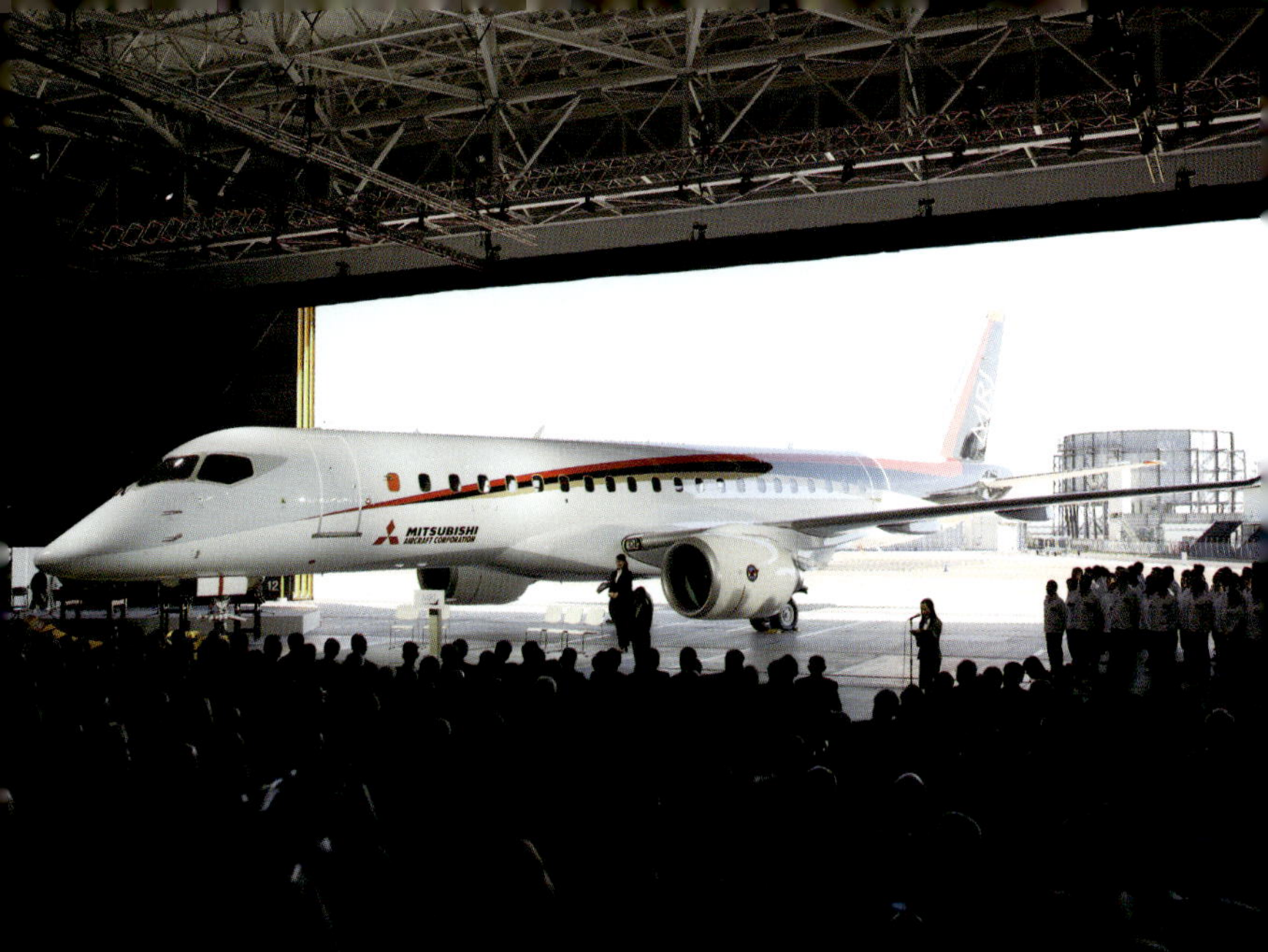

2014年10月18日、愛知県豊山町の三菱重工業小牧南工場で行われた
MRJ飛行試験初号機のロールアウト（完成披露）式典

2011年4月、MRJの組立開始に合わせて開いた「鋲打ち式」では、関係者一同が「ガンバローコール」

2013年8月、MRJの後部胴体を組み立てる作業者（三菱航空機提供）

2014年6月、飛行試験初号機の胴体と主翼を結合。この数週間後、エンジンも装着し、機体の外観が完成する（三菱航空機提供）

2012年10月、MRJの客室の一部を再現した実物大模型（モックアップ）

2014年12月、最終組立施設で製造中のMRJの飛行試験機。
左奥から時計回りに初号機、2号機、3号機（三菱航空機提供）

2015年1月、飛行試験初号機のエンジンを初運転（三菱航空機提供）

はじめに

2015年、約半世紀ぶりとなる国産旅客機が名古屋の空に舞う。三菱重工業傘下の三菱航空機が開発する70人―90人乗りのジェット旅客機「三菱リージョナルジェット（MRJ）」だ。現在のところ4―6月の初飛行を計画し、航空会社への納入開始は2017年4―6月を予定している。

「日本はかつて航空機大国だった」。飛行機に詳しい人は口をそろえる。「かつて」とは戦前のこと。1万機以上を製造したあの「零式艦上戦闘機」（零戦）をはじめ、軍用機の分野でいくつもの名機を生み出した。戦争のための動員もあったとはいえ、最盛期は業界全体で約100万人を雇用し、文字通りの基幹産業だった。

軍用機だけではない。1937年には、陸軍の偵察機を改造した朝日新聞社の「神風号」が東京（立川）―ロンドン間、約1万5000キロメートルを合計94時間で飛び、世界記録を樹立。翌38年には東京帝国大学（現東京大学）航空研究所の実験機「航研機」が62時間以上の飛行で当時の周回飛行世界記録を打ち立てた。日本は大正から昭和初期までの一時期、航空機大国の名をほしいままにしていた。

しかし、1945年の終戦とともに連合国軍総司令部（GHQ）から航空禁止令が発せられ、日本から航空機産業は消え去った。52年に航空機の製造が解禁されるまで7年間、欧米の航空機産業では「ジェット化」の技術革新が起こるなどしたが、日本はこの流れから取り残された。当時の苦い記憶は、今もなお「空白の7年間」として、航空機産業に携わる人々の胸に刻まれている。

その後、在日米軍や欧米企業向けの下請け生産で力を付けた日本は1960年代に国と民間が共同で「YS―11」を開発。民間機事業に挑戦した。しかし、寄り合い所帯ゆえにコストダウンが上手く行かず、開発時の赤字を解消できないまま通算180機を納入したところで撤退。以降、再び欧米企業の下請け事業に軸足を移し、今日に至っている。

この状況から脱しようと、YS―11以来半世紀ぶりの国産旅客機として開発されているのがMRJだ。現在は愛知県営名古屋空港（愛知県豊山町）に隣接する三菱重工の工場で、機体の強度を調べたり、機能を確かめたりする試験を行っている。

筆者は産業総合紙「日刊工業新聞」の記者として、2011年夏ごろからMRJや航空宇宙産業などの取材・執筆を担当してきた。この3年半を通じて感じるのは、やはりMRJには、メード・イン・ジャパンの飛行機を世界に届けるという壮大な〝夢〟が、ぎっしり詰まっているということだ。

その〝夢〟は、欧米の下請けに甘んじる航空機産業の構造を変えるという意義だけにはとどまらない。日本を、「かつての」ではなく、現在進行形の航空機大国に押し上げ、基幹産業の一つにできるのではないか、という期待である。

わが国ではモノづくりの空洞化が叫ばれて久しい。自動車や機械といった製造業は世界を席巻してきたが、その足元を見れば、モノづくりは労働コストの低い新興国に流出している。こうしたなか、次の時代に国内で何を作るべきなのか。その答えのひとつが、航空機だと信じる。

航空機製造業の世界市場が約25兆円ある中で、日本のシェアはわずか5％程度に過ぎない。ＭＲＪをきっかけに、旅客機という「完成品」を持てば、伸びしろはたくさんある。もちろん、半世紀ぶりの開発なだけに、ＭＲＪプロジェクトは決して順調なことばかりではない。これまでも大手航空会社からの新規受注といった晴れ舞台を見ることもあれば、開発スケジュールの遅れという「産みの苦しみ」に直面する場面も目にしてきた。それでも、三菱重工と三菱航空機は少しずつ歩みを進め、間もなく初飛行に臨もうとしている。国産旅客機の開発、それは経験のない分野に挑む人々の、汗と涙の物語である。

２０１５年３月

杉本　要

目次

はじめに　1

第一章　MRJとはどんな飛行機なのか　11

高揚感に包まれた会見場　12
MRJとは?　14
航続距離は約3400キロ　18
GTFエンジンって何?　20
尾翼に技アリ　24
MRJは「イケメン飛行機」　26
MRJはなぜ開発されるの?　27
国の委員会で議論　29
専門委員会を設立　31

エアショーに出展　34
新型エンジンで〝サプライズ〟　35
ANAから受注、ついに事業化　38
新生・三菱航空機　39

第二章　MRJで変わる航空機産業のモノづくり　41

MRJはどうやって作られるの？　42
協力企業による部品の〝共同工場〟もつくる　46
人が足りない！　50
コストダウンが課題に　52
「カスタマーサポート」も重要に　53
「産業が変わる」　57

第三章　「航空機大国」の栄光と挫折　61

「ライト兄弟」よりも先？　62

大正時代に進んだ航空機の研究　67
戦時下の技術開花　日本は航空機大国に　70
「零戦」――三菱の名機　72
「隼《はやぶさ》」、「疾風《はやて》」――陸軍の主力機　74
「飛燕《ひえん》」――初の〝液冷〟エンジン搭載機　76
「紫電改《しでんかい》」――最強の戦闘機とも言われた　78
量産されなかった「ジェットエンジン機」と「ロケットエンジン機」　79
軍と運命を共にした航空機産業　83

第四章　ＹＳ―11の登場と失速　85

戦後、「空白の7年間」からＹＳ―11へ　86
「5人のサムライ」　90
「寄り合い所帯」での開発　94
東京五輪で聖火輸送　99
ＹＳ―11、世界に羽ばたく　100
ＹＳ―11の〝失速〟　104
ＹＳ―11後にも「国産機プロジェクト」はあった　110

第五章　競争激化する世界の空と、ＭＲＪのライバル　113
世界の航空宇宙は25兆円産業、でも日本勢のシェアは５％　114
成長確実な航空機産業　116
航空機ビジネスの〝うまみ〟　118
世界の旅客機市場　120
ボンバルディア　122
エンブラエル　128
中国　133
ロシア　138

第六章　「産みの苦しみ」を越えて　三菱の航空機事業　141
ビジネス機「ＭＵ－２」でベストセラーに　142
続いて国産初の「ビジネスジェット」に挑戦　143
大手でも多発する開発遅延　147
「大幅な設計変更」　１回目の延期　148
2回目の延期　150

3回目の延期は「型式証明」が壁に　154
開発状況をオープンに　157

第七章　飛行機を売るという難しさ　161

華やかなエアショー　162
「紙飛行機」を売る　164
「日本製」が信頼を後押し　167
MRJを最初に注文したのは全日空　168
MRJは当初、戦闘機っぽかった？　170
JALもMRJを32機発注　172
航空会社からみた「リージョナルジェット」の難しさ　175
首相がMRJを「トップセールス」？　176
WTOで「訴訟」合戦に？　178

第八章　ロールアウト、そして初飛行へ　181
「美しい機体」　182
式典には大物歌手が来る予定だった？　184
ロールアウト翌日に6000人が集結　186
今後も課題は山積　186
日本よりも米国で飛ぶ方が多い？　189
〝ポストMRJ〟に向けて　190
日本は機体メーカー5社の統合を　193

おわりに　196

巻末情報　198

第一章

MRJとはどんな飛行機なのか

高揚感に包まれた会見場

2008年3月28日。小型ジェット旅客機「MRJ」（三菱リージョナルジェット）は、一種の高揚感の中で産声を上げた。連結売上高約3兆円で日本最大級の重工業メーカーである三菱重工業は、かねて計画していたMRJの事業化を取締役会で正式決定。東京都内で記者会見に臨んだ佃和夫社長ら幹部の表情は決意に満ちていた。

「わが国航空機産業の〝悲願〟である国産旅客機事業に挑戦する」。

この前日、27日には、MRJの初の顧客として全日本空輸（ANA）が最大25機を発注する方針を表明していた。MRJの事業化を受けて、業界を指導する立場である経済産業省からは甘利明大臣が談話を発表。「MRJは非常に重要な国家的意義を有するプロジェクト。MRJプロジェクトを含め航空機産業の発展と製造業の高度化のための政策を強力に推進してまいりたい」。このように、MRJは国家的プロジェクトの色を強く打ち出しつつ開始された事業だ。

日本企業は1973年に製造終了した「YS—11」以来、旅客機を作ってこなかった。YS—11の初飛行は1962年8月30日であり、MRJの初飛行は本書執筆時点では2015年4—6月に計画されているので、初飛行の時期で両機を比較すれば53年ぶりと

MRJの事業化を発表した記者会見でモデル機を手にする三菱重工業の佃和夫社長（左端）と戸田信雄取締役（左から2番目）（2008年3月28日）

なる。

ＭＲＪが「半世紀ぶりの国産旅客機」と形容されるのは、そのため。また、ＹＳ―11は「ターボプロップ」と呼ばれるプロペラ機の一種であるのに対し、ＭＲＪは最新鋭のターボジェットエンジンを載せて飛ぶ。「国産〝初〟のジェット旅客機」と言われるゆえんだ。

三菱重工はＭＲＪのことを「航空機産業の〝悲願〟」と言った。ただ、ＭＲＪには、航空機産業のみならず、日本の政財界全体からも大きな期待がかけられている。長年、自動車や電機産業などを主体とする貿易立国として成り立ってきたわが国に、次世代産業として航空機産業を根付かせ、輸出製品に育てようとする試みであるためだ。第一章ではMRJがどんな飛行機なのか、どうして開発されることになったのかを探りたい。

MRJとは?

MRJとはどんな飛行機で、主にどこで飛ばす飛行機だろうか。三菱航空機はいま、標準的な座席数が92席の「MRJ90」と78席の「MRJ70」の2機種を開発している。今後は100席前後の「MRJ100」(仮称)も開発する構想がある。いずれの機種も客室内の真ん中に通路が1本あり、通路を挟んで左右2列ずつという配列。主に地方都市間の運航に使われる。

MRJは、後述する先進技術の搭載によって、競合メーカーの機体よりも燃費が2割良いのが大きな特徴だ。世界的な航空機メーカーとして知られる米ボーイングや欧エアバスの旅客機は、小さな機体でも座席数は150席程度。座席の配列も通路を挟んで3列ずつなので、MRJはこの2社の機体より、感覚的には一回り以上小さいサイズとなる。ライバルは、ブラジルのエンブラエルや、カナダのボンバルディアというメーカーだ。

三菱航空機の川井昭陽社長は、MRJを「旅客機としては極めてオーソドックスな機

	MRJ90	MRJ70
標準座席数	92	78
機体サイズ（メートル、全長×全幅×全高）	35.8×29.2×10.4	33.4×29.2×10.4
エンジン推力（キロニュートン）	78.2×2発	69.3×2発
最大離陸重量（キログラム）	39600-42800	36850-40200
航続距離（キロメートル）	1670-3310	1530-3380

※三菱航空機の資料から作成

MRJ90とMRJ70の比較

体」と表現する。なぜかと言えば、中身を見るとエンジンや電子部品などの主要な部分に外国製の部品を採用しているためだ。しかも、その部品メーカーの多くは、ボーイングの中型旅客機「787」などの部品メーカーと同じ。金額ベースでMRJ全体の約7割が海外製で、その多くは米国や欧州からの輸入品だ。

こう書くと「何だ、国産旅客機なのに、ちっとも国産ではないじゃないか」と言う人がいるが、搭載部品の国産比率は、今回のMRJに限って言えば、必ずしも重要な部分ではない。確かに国産部品の割合が少ないことは事実だが、MRJは市場への新規参入者。高い信頼性と安全性が求められる航空機業界で、海外の航空会社に売れる機体とするためには、実績豊富な海外メーカーの装備品を使った方が得策だ、と三菱航空機は考えている。「売れる機体を国内で開発する」ことが大切なのであって、「中身の国産化」は次の段階での話となる。

川井社長は語る。

「新しい機体を開発する時、中身まで一から開発するということはまずない。我々も機能部品（エアコンや補助動力装置〈ＡＰＵ〉など）には原則として新しいものは使わない。ある程度、どこか（他のメーカー）が使って〝枯れた〟技術を、我々（ＭＲＪ）が搭載するという基本的な設計思想がある。同じような機体が世の中にあるので、そのまま持ってくれば開発費も抑えられるし、信頼性も上がる」。

もちろん、機体の設計そのものを〝真似する〟ことは競争上、許されないだろう。しかし航空機に使われる部品は、細かいものを含めると３００万点（ＭＲＪは約95万点）にも上り、自動車（３万点）の１００倍にも達する。こうした膨大な数の部品を組み立て、しっかりとした機能を出す機体に仕上げること自体が、大変なノウハウの固まりだ。業界に詳しい人は、このノウハウを「インテグレーション（統合）能力」と言ったりする。

航空機メーカーにまず必要とされるのはこのインテグレーション能力となるので、機体の中身に何を使うかという判断は「国産部品であれば望ましい」というレベルでしかない。

一方、国内の航空機産業全体を盛り上げようという視点からは、装備品の国産比率を将

国名	社名	製品
ドイツ（2社）	ユーロコプター・ドイツランド（現エアバス・ヘリコプターズ・ドイツランド）	乗降用・サービス用・貨物室用ドア
	グッドリッチ・ライティング・システムズ	照明全般
英国（2社）	シニアエアロスペースBWT	低圧ダクト
	ウルトラ・エレクトロニクス	扉センサー・インターフェース・ユニット
フランス（3社）	ダエール	高圧ダクト
	インターテクニック	燃料移送ポンプ/富化窒素空気分配システム/燃料管理システム
	ファルガイラス	ワイパー
米国（17社）	プラット・アンド・ホイットニー	エンジン、エンジン格納カバー
	パーカー・エアロスペース	油圧システム
	ハミルトン・サンドストランド（現UTCエアロスペース・システムズ）	補助動力装置/不活性ガスシステム/エア管理システム/高揚力装置アクチュエータ・システム/電力システム/火災防止システム
	ロックウェル・コリンズ	操縦用搭載電子機器（アビオニクス）/パイロット制御系統/水平尾翼トリム系統
	ヒーステクナ	内装品（操縦室、客室、貨物室）、ギャレー（厨房設備）、ラバトリー、非常脱出用スライダー、汚水・浄水システム
	スピリット・エアロシステムズ	パイロン（エンジン懸架装置）
	コリー	操縦席頭上パネル/コックピット・コンソール・パネル
	アブテック	機内放送/通話システム
	GKN	客室窓
	テレダイン	統合データ管理ユニット
	グッドリッチ・センサーズ・アンド・インテグレーテッド・システムズ	エア・データ・センサー/操縦席窓防氷装置/氷検知システム
	ハネウェル	慣性基準システム
	サンゴバン	レドーム（機種のレーダーカバー）
	LMIエアロスペース	テールコーン（機体尾部の補助動力装置カバー）
	PPGエアロスペース	操縦席窓
	モノグラム	アテンダント・コントロール・パネル
	ゾディアック	座席
日本（6社）	小糸製作所	客室内照明機器
	島津製作所	ラックアンドピニオン（フラップ用部品）
	住友精密工業	降着システム（脚部）
	ナブテスコ	フライト・コントロール・アクチュエーター
	ミネベア	ベアリング（軸受）
	三菱重工業	構造部位（主翼、胴体、尾翼）の製造、最終組立、飛行試験
台湾（1社）	AIDC	スラット（主翼前縁の補助翼）、フラップ（主翼後縁の補助翼）、翼胴フェアリング（翼と胴体の接合部のカバー）、ラダー（方向舵）、エレベーター（昇降舵）、スポイラー（揚力減少装置）

※三菱航空機提供資料を基に作成

MRJサプライヤー一覧

来的に高めるのは重要な話。日本の航空機産業は、これまで「機体構造」と「エンジン部品」の分野では、欧米の下請けではあるものの、重要な「パートナー」として、一定のシェアを握ってきた。しかし機体内部に搭載される「装備品」の分野は欧米勢が席巻し、日本には世界的な競争力を持つメーカーは数えるほどしかない。こうした部分を補おうという取り組みも始まっており、詳しくは後の章で述べたい。

航続距離は約3400キロ

MRJに話を戻す。どんな路線に使われるか。カタログ上の航続距離を見ると、タイプによって航続距離は約1530キロ―約3380キロメートルとある。米国では、中西部のデンバーを基点にカナダやメキシコをカバー。欧州ではパリを基点に北アフリカ諸国やロシア・モスクワにも飛ぶことができる。

一方、日本では、東京を基点に国内のほぼ全域に飛ばせるほか、上海や北京、グアムといった路線もカバーできる。航続距離だけでいえば国際線への投入も十分可能だ。しかしMRJは「リージョナル（地域）ジェット」ということもあり、航空会社は原則として国内のマイナー路線に就航させるつもりのようだ。

ＭＲＪを最初に発注した全日本空輸（ＡＮＡ）と、２０１４年8月に発注した日本航空（ＪＡＬ）の大手2社は「国内の地域路線に飛ばす」ことを明確に打ち出している。具体的な路線は未定だが、運航時間にして1時間―2時間程度の路線に飛ばすことになる。

ＡＮＡホールディングスの吉田秀和グループ経営戦略部機材計画チームリーダーはこう語る。

「国際線は乗客向けのサービス内容が（国内線とは）異なるので、ギャレー（調理室）などを大きくする必要がある。国際線仕様にすると、機体が重たくなり、燃費が悪くなって、航続距離が削られてしまう。ＭＲＪに最もフィット（適合）する使い方は、座席を多く入れ、サービスをできる限り簡素にして、コストを落とせる仕様で使うことだと考えている」。

ひと昔前までは、航空機と言えば贅沢《ぜいたく》なサービスを受けられる空間だったかもしれない。しかし今の航空会社は厳しい競争環境に置かれており、いかに収益を確保するかを最優先に考えている。こうした航空会社側の事情は海外でも同じで、ＭＲＪは航続距離を生かした飛行ではなく、主に短距離の路線で活躍することになりそうだ。

GTFエンジンって何？

次に、機体にはどんな特徴があるのか。本章冒頭で「オーソドックスな機体」（三菱航空機の川井社長）と言ってはいるが、MRJには、エンジンや機体構造の解析、生産技術などの面で、先進的な技術がいくつも搭載されている。

まずはエンジン。世界的な航空エンジンメーカーのひとつである米国のプラット・アンド・ホイットニー（P&W）が開発する、「ギアド・ターボファン（GTF）」と呼ばれる最新鋭エンジンを使う。このGTFを旅客機として初めて採用したのは、ほかでもないMRJである。

少し専門的な話になるが、GTFの構造を解説したい。GTFとは、ひと言で言えば「エンジンの中にギアを入れ、ファンとタービンの回転を最適に制御する」エンジンのことだ。

そもそも、ジェットエンジンは、機体の前方から吸い込んだ空気を圧縮する、そこに燃料を混ぜて燃やし、高温・高圧のガスを作る、ガスを後方に噴射する（ジェット＝噴流）、という3段階で推進力を得る。

ジェットエンジンは、さらに細かい用途によって四つに分類される。

①ターボジェット…主に戦闘機向け。吸い込んだ空気をすべて燃焼室に送り、噴流とするため、高い加速力を得られる。

②ターボファン……主に中大型の旅客機向け。ターボジェットエンジンの吸気口にファンを取り付け、本来は燃焼室に送る空気の一部をそのまま機体後方に流すことで（バイパス空気）、ターボジェットより多くの空気を流すことが可能になり、燃費が良くなる。

③ターボプロップ…主に小型旅客機向け。ターボジェットエンジンの前方に大きなプロペラを付けたタイプ。エンジンで作り出したガスのうち、一部を後方に吹き出すエネルギーに使い、残りの大部分はプロペラの回転に使う。離陸までに必要な距離が短いため、小さな空港にも就航できる。最近は小型のターボファンに市場を押され気味。

④ターボシャフト…ヘリコプター向け。ジェットエンジンで作り出したガスを100%、ローター軸の回転に使う。

MRJに使われるGTFエンジンは、②のターボファンエンジンの一種で、発展形と言える。

旅客機用エンジンの開発は、常に燃費向上が最大のテーマ。ターボファンエンジンの燃費性能を上げるには、なるべく燃料を使わない方が良いので、エンジンの設計者は燃焼室を通らない「バイパス空気」の量を増やし、燃焼室を通る空気量を減らすことを考える。このバイパス空気と燃焼室から出る排気の比率を「バイパス比」という。ジェットエンジンの燃費を良くするには「バイパス比の大きいエンジン」を作ることが大切になってくる。

従来のジェットエンジンはバイパス比を高めるため、ファンを大型化してきた。しかし、ある大きさ以上になるとファン外側の回転速度が音速に達して空気抵抗が大きくなるため、回転数を制限せざるを得なかった。すると、ファンと同じ回転軸を用いるタービンは低速で動かさざるを得ず、推力を維持するためにはタービンの段数を増やす必要があるので、結果的に重量が増える。

航空機の世界では、重量の増加は燃費性能の悪化につながるため、最も避けるべきこととされている。こうしたことからファンの大型化は限界に近づいていた。

そこで出てきたのが、「GTF」だ。ファンとタービンの間に減速ギア（歯車）を入れることで、タービンを高速で回転させつつ、ファンを低速で回すことができるようになった。

ＧＴＦでは、タービンの回転数を高いレベルで維持しつつ、ファンを低速で回せる。このため、ファンをさらに大型化でき、バイパス比が高められる。同時に、騒音の低減にもつながるという良いこと尽くしだ。

ＧＴＦの研究自体は昔から進んでおり、世界３大エンジンメーカーの米ゼネラル・エレクトリック（ＧＥ）、英ロールス・ロイス（ＲＲ）、米プラット・アンド・ホイットニー（Ｐ＆Ｗ）ともに手がけてきた。しかし、ギアを入れることによる重量増加や信頼性の確保に難があり、ＭＲＪが採用するまで、旅客機の世界では日の目を見ることはなかった。

ＭＲＪはこのＧＴＦエンジンを、旅客機として初めて採用。航空業界には、驚きを持って受け止められた。ＧＴＦはその後、カナダ・ボンバルディアの「Ｃシリーズ」や欧州エアバスの「Ａ３２０ｎｅｏ（ネオ）」、最近ではブラジルのエンブラエルが開発する「Ｅジェット Ｅ２」など新型機への採用が決まり、世界的な普及の先陣をＭＲＪが切ったことになる。しかし、ＭＲＪの開発が遅れたこともあって、実際の市場投入はエアバスやボンバルディアが先行する見通しだ。

尾翼に技アリ

機体の構造にも先進的な技術開発が試みられている。その一つは、尾翼に使う新しい構造の複合材（正確には炭素繊維強化プラスチック＝ＣＦＲＰ）だ。

ＣＦＲＰは、「軽くて強い」が売り物の先端材料。鉄の10倍の強度を持ちながら重さは鉄の4分の1という特徴を持つ。身近なところでは、ゴルフのシャフトやテニスラケットなどに使われている。

ＣＦＲＰの従来の作り方は、炭素繊維に樹脂を含ませて、「プリプレグ」と呼ばれるシート状の半製品を作る。そのままでは航空機の材料にするには強度が不十分なので、プリプレグを手作業や機械によって何枚も重ね、徐々に機体の形にしていく。

すでに、ボーイングの中大型機「７８７」やエアバスの大型機「Ａ３５０」などでは、機体重量の約5割にＣＦＲＰが使われている。ちなみに炭素繊維の分野では日本の素材メーカーが世界的にも強く、最大手の東レと東邦テナックス、三菱レイヨンの3社で世界シェアの7割を握っている。

通常、航空機の胴体や翼といった主要な部分をＣＦＲＰで作る時には、「オートクレーブ」という巨大な圧力釜を使い、高い圧力をかけて、プリプレグを焼き固める必要があ

東レの炭素繊維がMRJの尾翼に使われる
(2012年の国際航空宇宙展で)

る。しかし航空機の機体をつくるためのオートクレーブ設備を持つには数十億円から数百億円の投資が必要で、焼き固めるのにも8時間程度は必要とされる。さらには、複合材の価格もアルミニウム合金の10倍ほどと高価なため、採算性の厳しい小型機にはなかなか採用が進まなかった。

ＭＲＪでは、このような複合材のコストを低減するため、オートクレーブを使わないＣＦＲＰの作り方を考案した。２０００年代前半から、三菱重工業と東レが、宇宙航空研究開発機構（ＪＡＸＡ）などと協力して開発してきたものだ。

その作り方とは「Ａ―ＶａＲＴＭ」法。炭素繊維をフィルムなどで覆って真空状態にし、そこに樹脂を入れて固くする方法を「ＶａＲＴＭ（バータム）」法といい、これを航空機向けに応用したものだ。従来のプリプレグ法と比べて、衝撃に耐える力や、熱への耐久性などは同等かそれ以上という。

何と言っても、バータム法は、オートクレーブで高温にしたり高圧をかけたりしなくて良いので、加工コストの大幅な低減が期待されている。ＭＲＪはこの「Ａバータム法」で作った尾翼を搭載する予定だ。

ＭＲＪは「イケメン飛行機」

また、ＭＲＪの外観的な特徴は、前部胴体が細長い点。どこかシャープな印象を与えるのは、機体の前方下部に貨物室がなく、同型機と比べて胴体の前方が細いためだ。設計当初は機体の前方と後方にそれぞれあった貨物室を、後部に統合することで前部胴体を細くした。これによって、空気抵抗を減らした。

航空業界では「美しい機体は性能が良い」というのが通説。その意味では、ＭＲＪの外

MRJの胴体は細長い印象（2014年10月）

観は美しく、名機として羽ばたくための大きなポテンシャルを秘めていると言えそうだ。

ＭＲＪはなぜ開発されるの?

そもそも、「官民」を挙げた国産旅客機プロジェクトとされるＭＲＪはどうして開発されることになったのか。ここでいう「官」とは、経済産業省や国土交通省、文部科学省などの省庁のことであり、「民」とは開発当事者の三菱重工業を中心とする産業界のことである。ここでは、ＭＲＪがたどってきた経緯を追いながら、「官民」がＭＲＪの事業化決定やその後の開発にどう関与しているのか、探りたい。

時計の針を2001年に戻す。21世紀が幕を開けて間もなく、米ニューヨークの世界貿易センタービルに旅客機が突っ込む「同時多発テロ」事件が起きた年でもある。

この年、日本では第2次森内閣において中央省庁が再編され、従来の1府22省庁は1府12省庁へと姿を変えた。航空機をはじめとする産業政策を担ってきた通商産業省も新たに「経済産業省」となり、新体制で産業振興に取り組むことになった。

経済産業省の発足とともに、省内には経済産業大臣の諮問《しもん》機関として、「産業構造審議会（産構審）」が設けられた。経済産業省設置法によれば、その役割は、「経済産業大臣の諮問に応じて産業構造の改善に関する重要事項その他の民間の経済活力の向上及び対外経済関係の円滑な発展を中心とする経済及び産業の発展に関する重要事項」を調査し、審議することとある。

平たく言えば、重要な政策について経産大臣の諮問に基づいて議論する組織である。このため審議会の議論は政策に大きく影響する。

後にMRJとなる小型旅客機の研究開発は同審議会の「航空機宇宙産業分科会航空機委員会」の場で議論された。ちなみに、同委員会の議事要旨は経産省のウェブサイトで公開されているので、興味のある方はご覧いただきたい。

国の委員会で議論

「航空機委員会」は、初代委員長に三菱重工業の増田信行会長（当時）が就き、計二十数人の委員は他の重工メーカーや航空機製造業、航空会社、メディア界の経営層や大学教授らで構成された。

２００1年9月の第1回会合。さっそく、ある委員から「わが国主導の小型民間航空機開発への取り組みが必要である」という意見が出る。ＹＳ―11以来遠ざかっている旅客機市場に日本として再参入するために、リスクの高い航空機開発には政府の継続的な支援が必要だ、という産業界の声を反映した形だった。

経産省はこれを受け、翌02年夏、「環境適応型高性能小型航空機」の開発プランを打ち出す。年末に本格化した03年度予算編成では、将来の実用化が有望な計30の経済活性化プロジェクトに予算を集中投入する「フォーカス21」のひとつとして、小型航空機の研究開発に10億円を割くことが決まった。

03年には、新エネルギー・産業技術総合開発機構（ＮＥＤＯ）を通じ、小型航空機の開発に乗り出す企業を公募。これに手を挙げたのが三菱重工業だった。同社は、富士重工業と日本航空機開発協会を共同提案者として、小型航空機の開発を提案した。

長年、航空機業界を引っ張ってきた三菱重工が「立候補」したことで、航空機開発は一気に現実に近づいた。03年8月の航空機委員会第4回会合で、経産省の北村俊昭製造産業局長（当時）はこう述べている。

「今年はライト兄弟の初飛行から100年目だが、日本の航空機産業にとっても大きな節目の年。製造業の頂点としての航空機製造業がスタートさせる新プロジェクトということで、これらは製造産業局としてもトッププライオリティー（最優先）と考えている」。

経産省としては、三菱重工が旅客機開発に前向きな姿勢を示したことを受けて、航空機産業の重要性を改めて強調したい考えがあったと思われる。

小型航空機は当初、30—50席クラスを想定。事業規模は500億円で、このうち国の予算も250億円程度の拠出が必要とされた。

この小型航空機プロジェクトがYS—11の時と根本的に異なるのは、「事業はあくまで民間主体、国は支援に回る」という構図だ。YS—11の時は国が旗を振り、事業会社にも直接出資して航空機を開発したが、後に事業責任が曖昧になった。今回は、過去の失敗を教訓として、国は「民間が事業化を決意するためにはどんな環境を整備すべきか」という姿勢に終始している。

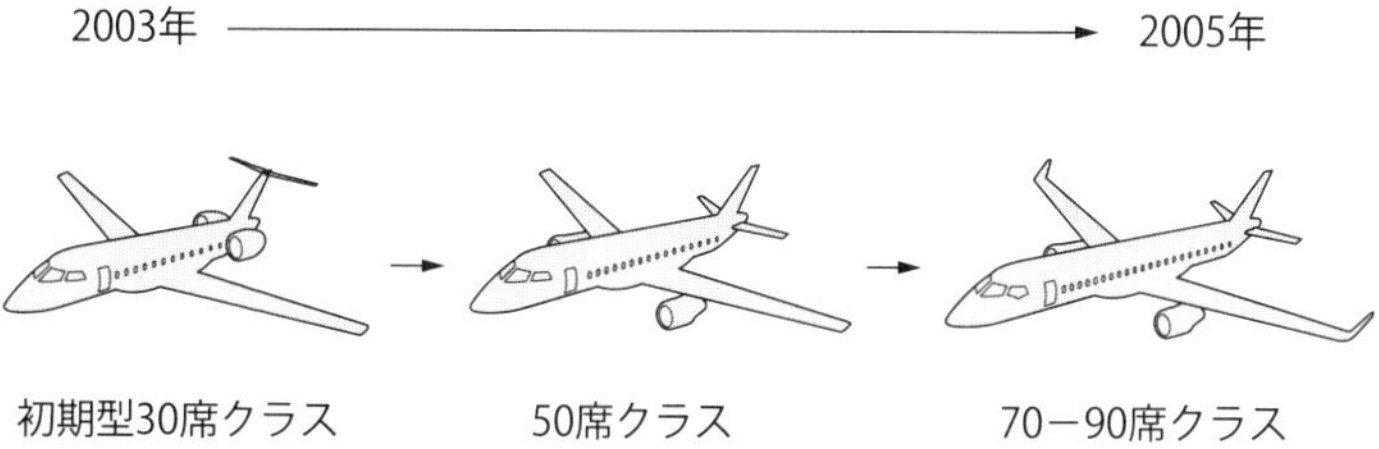

三菱航空機の資料を基に作成

小型ジェット旅客機構想の変遷

専門委員会を設立

しかし、翌04年になると、航空機業界では米ボーイングの新型機「７Ｅ７」（後に中大型機「７８７」として事業化）構想への参画や、防衛庁（現防衛省）の貨物機「Ｃ—Ｘ」、同哨戒機《しょうかいき》「Ｐ—Ｘ」の民間転用といった別のトピックが加わって、航空機委員会では小型旅客機構想と並行してこれらの議論も進めざるを得なくなった。巷では小型旅客機の構想で盛り上がっているとはいえ、各社の業績は、ボーイング向けや防衛庁向けの受注に大きく左右されるからだ。

経産省は研究開発が始まった小型旅客機を集中的に議論するため、航空機委員会の下にさらに「専門委員会」を新設した。この専門委員会での議論が、後のＭＲＪプロジェクトに大きく影響する。専門委での論点は主に三つあった。

①機体の仕様（特にサイズ）
②航空会社に提案すべき、魅力あるビジネスモデルの構築
③事業の前提となる航空インフラの整備

これらのトピックに関して、委員同士の議論は大いに盛り上がった。「経験上は（30―50席でなく）100席クラスでないと、採算は難しいのではないか」、「エアラインとしては100席クラスで低コスト、なおかつ快適性の高い機体であれば興味がある」、「国産旅客機が市場投入されるころには中国やロシアも参入してくる」、「小規模の航空会社には、ビジネスモデル（路線の戦略など）の提示も含めて提案すべきだ」――。

委員はそれぞれの立場から意見を述べ合った。その裏には、国産旅客機の実現を願う気持ちが少なからずあったに違いない。

専門委は04年3月から06年6月までの2年3カ月の間に実に11回も開催されている。この結果、機体サイズは50―100席クラスとし、燃費は既存機と比べて20%低減するという仕様について妥当であるとされた。また、資本力のない小規模エアラインにも航空機を販売するための金融スキームの構築や、機体納入後のカスタマーサポートといった、機体開発以外の面でビジネスモデルの具体化の必要性も指摘された。

このほか、縦割り行政の弊害をなくすために経産省、国交省、防衛庁（現防衛省）、文

科省の4省庁の局長級協議会も設置されるなど、専門委での2年3カ月間の議論は実り多きものとなった。

一方、小型旅客機の研究開発に手を挙げた三菱重工は、これを「三菱ジェット」(MJ)、後に「三菱リージョナルジェット(MRJ)」と銘打ち、国内外で開発計画のアピールを開始した。同時に、飛行機を買ってくれそうな航空会社のもとに足を運ぶなどして、「売れる機体」としての仕様検討を重ねていった。

一般に旅客機は開発段階における初期投資が大きく、回収には10年、20年といった年数が必要となる。このため航空機メーカーには、

①開発の検討
②事業化

この二つの局面で、それぞれ経営的な決断が必要になってくる。①の開発検討では、事業化に向けた市場調査や営業活動、仕様設計などが必要となるし、②の事業化を決めた後は、販売活動だけでなく実際の機体設計や製造といったモノづくりを一気に進める。開発費が膨大になるので、「作って売る」のではなく、ある程度受注の見込みを立ててから作るので、「売ってから作る」ということになる。

当然、②の事業化の方が大きな決断となる。開発費だけでも1000億円以上となり、

しかも開発に5年以上かかるため赤字が続くからだ。三菱重工はこの時期、商談先と折《せっ》衝《しょう》しながら需要を見極めていた。

2004年に横浜で開かれた国際航空宇宙展（JA2004）では客室の実物大模型（モックアップ）を展示。翌05年のパリ航空ショーでは、小型の模型を「ネクスト・ジェネレーション・RJ」（次世代リージョナルジェット）と称して出品している。これらの研究や調査の結果、最終的に座席数は「70—90席」とすることが有力になった。

エアショーに出展

06年に入っても、三菱重工内で機体開発の検討は続けられた。06年夏の英ファンボロー航空ショーで三菱重工は90席機を「MJ—90」、70席機を「MJ—70」、さらに約100席機も検討するなどの計画を説明した。

機体の主要部分の計画として、主翼には先端素材の「炭素繊維複合材」を採用して軽量化し、エンジンは英ロールス・ロイス（RR）や米ゼネラル・エレクトリック（GE）と交渉中であることが報道などで明らかになった。肝心の事業化は、08年3月までに決めるとした。

この時期には、小型旅客機の開発という話題が三菱重工や経産省だけでなく、世間に少しずつ認知され始めていた。

06年10月11日付の日刊工業新聞でも、最終面で「待望論高まる〝日の丸旅客機〟」として特集記事を掲載。約1200億円の開発費をかけて2012年の就航を目指していることや、機体のサイズが当初の30―50席から50―100席クラスに大型化された点、「民間機事業は欧米の下請け」という現状から脱皮する目的があることなどを報道している。

新型エンジンで〝サプライズ〟

07年に入ると、三菱重工業の社内では旅客機構想の骨格が徐々に固まっていった。2月には、それまで仮称で使っていた「MJ（三菱ジェット）」という機種名を「MRJ（三菱リージョナルジェット）」に変更。事業化に向けた準備室も設置した。6月にフランスで開かれたパリ国際航空ショーでは、機体の客室部分を模した実物大の模型（モックアップ）を初めて展示。機体の大きさ（全長35・8メートル、翼長30・9メートル、高さ10メートル）なども決めた。だが、この時点でもまだ決まっていなかった重要事項がひとつある。それは、エンジンの選定だ。

すでに述べたが、三菱重工は、MRJの性能を大きく左右するエンジンについて、RRかGEのものを使う方向で検討を進めていた。世界の旅客機用エンジン市場はこの2社に米プラット・アンド・ホイットニー（P&W）を加えた大手3社で7割以上を占めており、三菱重工は3社すべてから提案を受けていた。当初はこのうち、特にシェアの高い2社から選ぶ方向だった。しかし、三菱重工は07年10月、業界にサプライズを与える決定をする。当初は〝圏外〟とされていたP&W製のエンジン、それも「GTF」を、世界で初めて選んだのだ。

GTFの説明は既にしたので省くが、P&W製を採用するように進言したのは、ほかでもない、川井昭陽《てるあき》三菱航空機社長だった。当時、川井氏は三菱重工の航空エンジン部門である「名古屋誘導推進システム製作所」の所長を務めていた。当時、経営陣からエンジン選定について意見を求められた川井社長は迷わず、他社製と比べて燃費性能に優れるGTFの採用を具申したという。

「これに賭けないとダメだ、という気持ちだった」。

川井社長は、当時を振り返ってこう語る。GTFは旅客機用としては当時どのメーカーも採用していない、「実績なきエンジン」だった。P&Wが開発に失敗するリスクもあった。それでも採用を決めた理由は、既存の機体に打ち勝つ性能がほしかったからだ。川井

MRJ用のエンジン「PW1200G」（三菱航空機提供）

社長はこう続ける。

「MRJは機体構造としては平凡な航空機だ。新規参入である我々が何か一つ冒険できるところがあるとすれば、それはエンジン。GTFしか選びようがなかった」。

こうして懸案だったエンジンの選定が終わり、MRJは事業化に向けて秒読み段階に入る。07年10月には、旅客機としての主要性能（燃費や航続距離など）を決め、正式に航空会社への受注活動を開始。業界用語で言うところの「ATO（正式客先提案）」を開始した。

航空業界では、メーカーがATOに入った後、数カ月から1年程度のうちに一定規模の受注を得て、事業化するかどうかを決断するケースが多い。三菱重工も「2007年度末」とする事業化の決断に向けて、本格的な受注活動を始めた。

ANAから受注、ついに事業化

08年はMRJの歴史に残る重要な年となった。三菱重工は1月、MRJの事業化に先駆けて、航空宇宙部門出身の大宮英明副社長を同年4月1日付で社長に昇格させる人事を発表。航空機を成長事業の柱に据える方針を明確にする。3月上旬には、設立準備が進められていたMRJの事業会社に対して、日本を代表する製造業者であるトヨタ自動車などが出資することが表面化した。

着々とMRJの開発体制が整えられる中、3月27日には、全日本空輸（ANA）がMRJ計25機を世界で初めて発注。三菱重工は待望の〝第1号顧客〟を獲得した。そして迎えた3月28日。三菱重工は取締役会でMRJの開発・生産を正式決定し、「事業化」を決断した。同時に、4月1日付で外部の資金も募り、事業会社「三菱航空機」を設立することにした。

新生・三菱航空機

三菱航空機という名前は、戦前にも三菱の航空機部門で使っていた社名だ。戦後60年以上の期間を経て、今度は旅客機部門として誕生することになった。同社はその後、現在までに2度の増資を経て、資本金を1000億円に増強。出資比率は次のとおりだ。

▽三菱重工業64％▽三菱商事10％▽トヨタ自動車10％▽住友商事5％▽三井物産5％▽東京海上日動火災保険1・5％▽日揮1・5％▽三菱電機1％▽三菱レイヨン1％▽日本政策投資銀行1％

三菱航空機には三菱グループに加え、トヨタや商社や保険会社、エンジニアリング会社や政投銀といった「異色」のメンバーも出資。さらに、プロジェクトの構想や研究開発の場面での国の関与を考えれば、「オールジャパン体制」での船出となった。

飛行機トリビア①「非常脱出　90秒ルール」

2006年3月下旬、独ハンブルクのエアバス工場で、航空機史上最大の“脱出劇”が繰り広げられた。総2階建ての超大型機「A380」の機内に閉じ込められた873人が、ものの1分半の間に機外に逃れた、というのである。

これは訓練の話。航空機にはさまざまな安全基準が厳しく課せられる。そのひとつが「全非常口の半分しか使えない状況で、乗員・乗客が90秒以内に脱出できる構造にしなくてはいけない」という、いわゆる「90秒ルール」だ。

当時、世界最大の航空機を開発中だった欧エアバスも、この基準を満たしていることを確認するため、試験を実施した。A380の標準座席数は555席だが、同社は想定しうる最大席数の853席を機内に設置。計18人の客室乗務員、2人の操縦士を加え、計873人で脱出試験を行った。この試験のために一般からボランティア約1100人が集められたという。

夜間を想定し、「真っ暗」（同社）な工場内で試験を実施。乗客が機内に搭乗して数分後、「避難してください!」との掛け声とともに、873人が一気に脱出用スライドになだれ込んだ。試験に用いる8つの非常口（全体の半数）のうち、どこが開くかは、事前には知らされなかったという。

結果は、計78秒で全員が脱出。1人が足を骨折したほか、約30人がすり傷などの軽傷を負ったが、無事に成功した。

もっとも実際の現場では、パニックを起こす人がいたり、荷物を持ち出す人がいたりして、90秒以内に脱出することは難しいと思われる。いずれにしても、航空機の開発は非常に大変な作業だ。

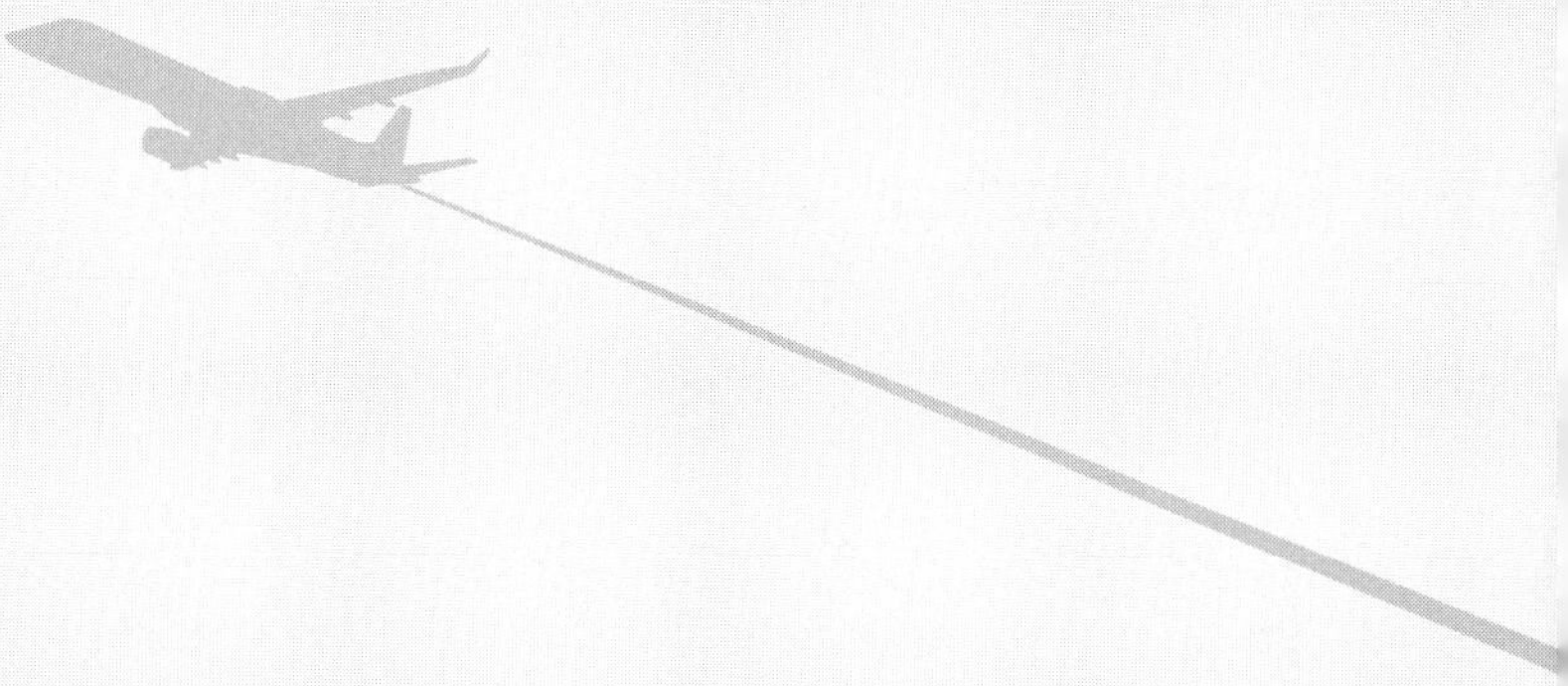

第二章

MRJで変わる航空機産業のモノづくり

ＭＲＪは「約半世紀ぶりに開発される国産旅客機」と形容される。当然、旅客機を生産する体制の構築も半世紀ぶりとなる。民間旅客機が日本国内で生産されるのは、国産旅客機「ＹＳ―11」が１９７３年に製造中止されて以来、約40年ぶりだ。その意味では、〝完成品〟であるＭＲＪの登場は、航空機産業におけるモノづくりを転換させる契機となる。本章ではＭＲＪがどんな工場で作られ、顧客に渡されるのかを探る。詳細はまだ三菱重工などの社内で検討中の部分も多いが、計画の一端が少しずつ明らかになってきている。

ＭＲＪはどうやって作られるの？

三菱重工業は、量産型機を製造する工場を愛知県豊山町に新設し、２０１６年初頭に稼働を始めることにしている。隣接地には同社の小牧南工場があり、過去には「ＹＳ―11」も同工場で組み立てられた。半世紀近いブランクを経て登場するＭＲＪは、どんな生産ラインから生み出されるのだろうか。

「これまで培ってきた技術やノウハウを、集大成としてＭＲＪに適用したいと考えている」。ＭＲＪの製造責任者である石川彰彦・三菱重工業ＭＲＪ推進室長はこう意気込む。同社はこれまでも戦闘機や米ボーイング向けの部材などで生産のノウハウを蓄積してきて

MRJ量産工場の建設予定地（2015年1月）

いる。MRJでは、さらに一段と高みを目指す考えだ。

生産現場のキーワードの一つは「クレーンレス化」。クレーンをなるべく使わない、という発想だ。

航空機は主翼や胴体、尾翼など、大型で重たい構造物をつなげて作る。このため、通常は天井クレーンが多用される。しかし、クレーンは安全面への配慮から多くの確認作業も伴うので、時間も手間もかかる。

「MRJでは、原則すべての部材を（昇降装置などの付いた）台車で運ぼうとしている」（石川室長）。そのため専用の治具なども開発する方針だ。これにより省人化や待ち時間の短縮につなげると

水平尾翼の輸送試験（2013年2月、三菱重工大江工場）

いう。過去には、「クレーンレス」で実際に部材を運べるのか、社内試験をしたこともある。

複雑な部分が多く手作業による加工が多いことで知られる航空機産業だが、ＭＲＪでは生産の自動化にも積極的に取り組む。最終組み立て工場では、「ムービングライン」と呼ばれる自動式のラインを、最終組み立て工程のほぼすべてに導入する。

自動車の生産ラインを思い浮かべてほしい。ベルトコンベヤーの上を自動車の原型が流れ、そこに産業用ロボットの腕が伸びて、配線や溶接などを施していく。ムービングラインは、このような自動車の「流れ生産」を航空機

ボーイングの工場では、航空機はライン上を流れながら組み立てられる（ボーイング提供）

に応用したものだ。

床下に引いたチェーンが1分間に数センチメートルのスピードでゆっくり動き、その上にある組み立て中の機体とともに移動する。従来は、一つの工程が終わるまでは機体を固定し、その周囲を作業者が動き回って組み立てている。ただ、これでは作業者の腕前によって作業時間にバラツキが出やすくなる。これをムービングラインにすることで、各工程の生産時間を一定に保てるというわけだ。

ムービングライン方式は、もともとボーイングが2000年代初頭から小型機「737」の生産増加に対応して始めたもの。部品点数が自動車よりもはるかに多い航空機を、月産数十機のスピードで作る必要に迫られたボーイングは日本の「トヨタ生産方式」に学び、ベルトコンベヤー式の生産ラインを導入。生産効率を飛躍的に高め、現在は月に42機もの737を生産している。仮に1カ月間工場が休みなく稼働した場合、1日に約1・5機を世に送り出している計算だ。ボーイングはさらに、17年には月47機、18年には月52機と、生産ペースを上げる計画だ。

三菱重工も、すでに一部の航空機部品にはムービングラインを適用しているが、機体の生産ライン全体に採用するのはMRJが初めてとなる。このほか、将来的には、胴体を接合する作業や顧客向けの塗装を施す作業などに、作業用ロボットの投入も検討する考えだ。

協力企業による部品の〝共同工場〟もつくる

三菱重工は、小牧南の最終組み立てライン以外にも、愛知県や兵庫県、三重県などの自社工場を活用して、胴体や主翼、尾翼などの構造部材を作る計画だ。これらの工場では、協力会社も巻き込みながら、部材を効率的に量産するための取り組みが進められている。

まずは尾翼を作る松阪工場（三重県松阪市）。ここでは数社から10社程度の部品加工業者らを集め、機械加工から表面処理、塗装までを一貫して担う「共同工場」を整備する計

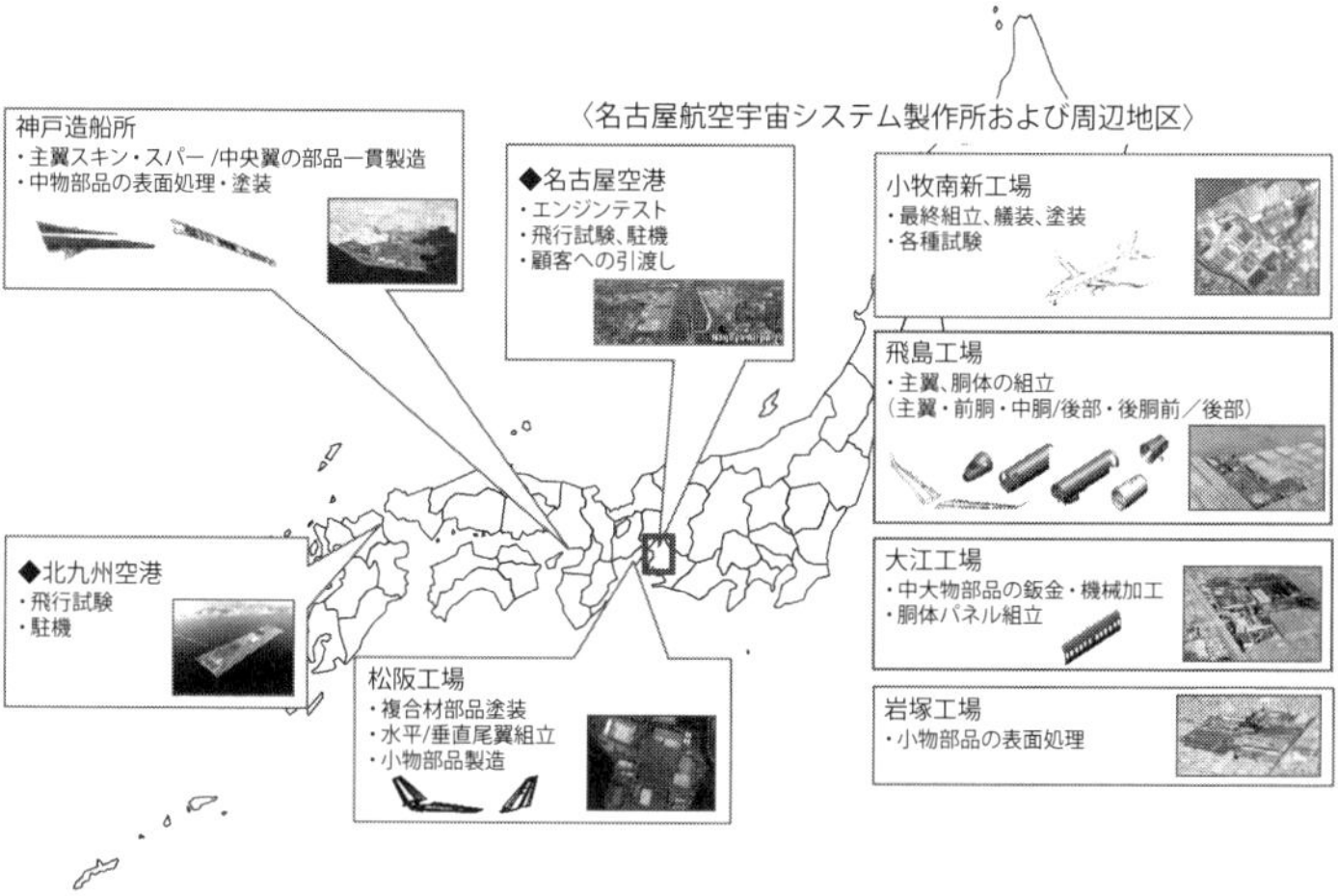

※三菱重工業の発表資料から抜粋

MRJの量産拠点

画だ。現在は、「松阪部品クラスター」と銘打ち、入居企業を選定している。

具体的には部品加工業者らによる「事業協同組合」を設立し、加工業者は自社の機械で部品をつくるほか、熱処理、表面処理、塗装など特殊な設備を共同で使うことを想定している。これまではそれぞれの会社に工程がまたがっていたが、松阪工場に集約することにより「一つ屋根の下」で部品を製造でき、製造途中でのモノの移動が少なくなる。

また、主翼を作る神戸造船所（神戸市兵庫区）内には、部品サプライヤーの旭精機工業が約20億円を投じて主翼部品の工場を開設する。重工の工場内

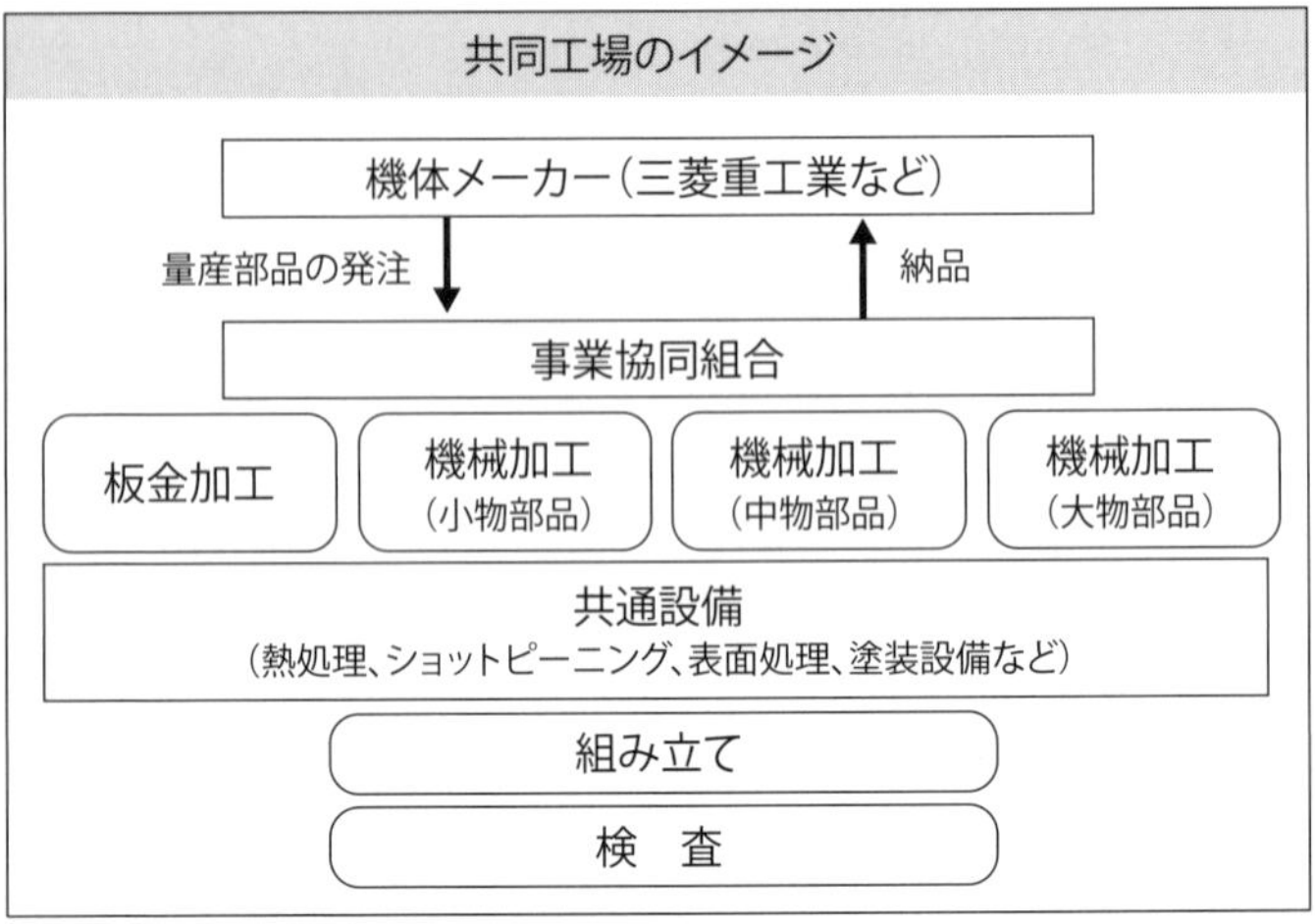

※三菱重工業の資料を参考に作成

共同工場のイメージ

に場所を借りる「工場内工場」であり、愛知県尾張旭市の本社工場に次ぐ第2の拠点となる。

なぜ、「共同工場」や「工場内工場」といった取り組みが進められるのか。その背景には、「ノコギリ発注」という航空機産業に独特な商慣習がある。

航空機産業では従業員数十人といった規模の小さいサプライヤーが多く、「機械加工」や「表面処理」などの各工程にそれぞれ特化しているケースが多い。これらのサプライヤーは大手重工から材料を支給され、自分の担当する工程が終わると大手重工に納品する形態を採ってきた。部品の仕掛品は、各工程を終えるたびに大手重工の品質

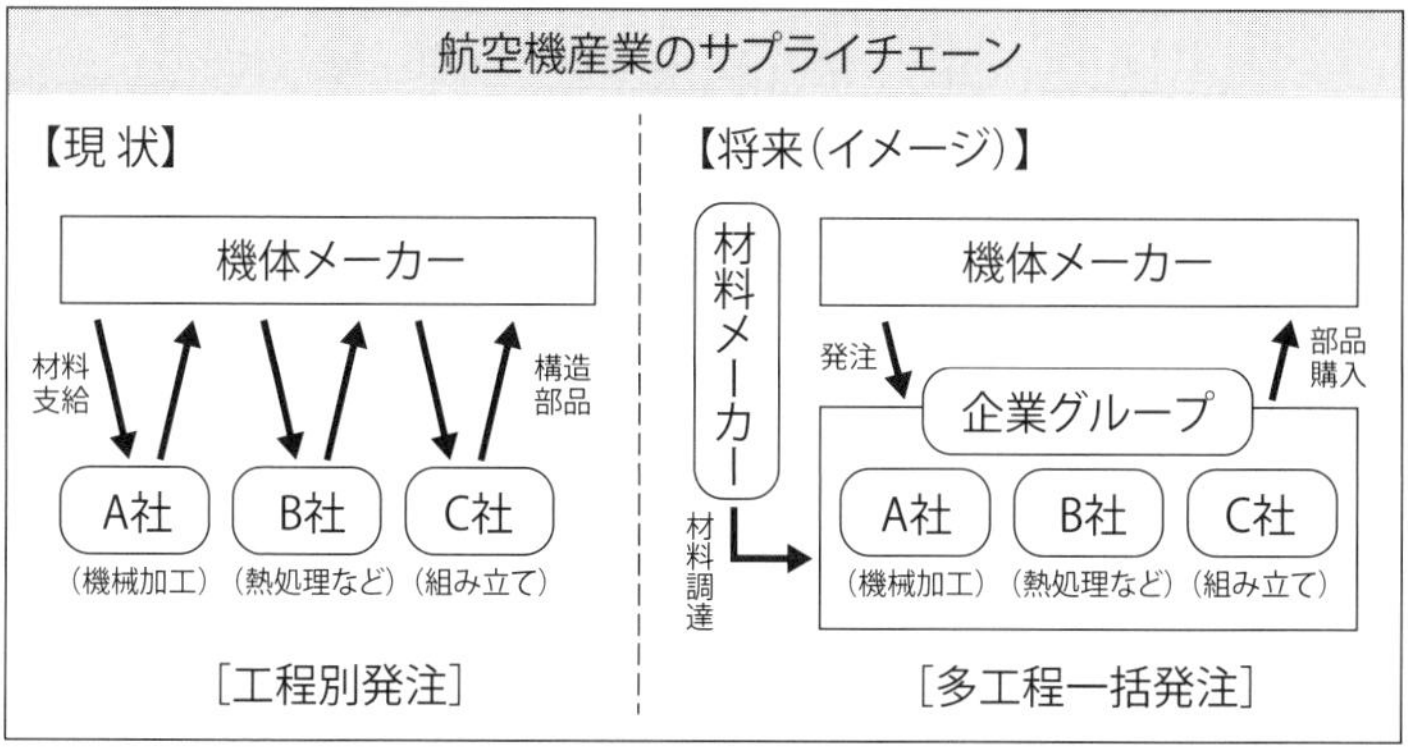

※中部経済産業局の資料を基に作成

航空機産業のサプライチェーン

チェックを受けてから次工程の企業に運ばれており、部品が何度も行き来する様子から「ノコギリ型」と言われている。

世界の航空機業界では、図面を渡せば完成部品として納入されるのが通常だが、日本国内ではサプライヤーの規模が小さいがゆえに、単一工程ごとにそれぞれ発注するノコギリ型方式から脱し切れておらず、管理費や物流費がかさんで高コストになっているのが課題だ。航空機の販売競争が激しくなる中、このままでは高コストが壁となって世界的な航空機市場の成長から取り残されてしまうといった危機感が、特に重工側に強くある。

このため、中堅・中小企業は今後、複数の工程を自らコントロールして、取引先から自立して完成品を納入する「一貫生産体制」への対応が求められている。松阪工場での「共同工場」計画は、比較的小さな規模の企業でも、同じ建物内に複数社を入居させ、実質的に部品を「一貫生産」できるメーカーを育てようとする発想だ。

人が足りない!

三菱重工は、当初は月1機前後のペースでMRJを生産し、21年ごろまでには段階的に月10機まで増やす計画を進めている。実は、この量産化の過程で、最終組み立てラインの作業者が圧倒的に不足するのではないか、と危惧する声がある。

愛知県は、MRJの量産工場が稼働すると、新たに約2000人の雇用が生まれると試算する。ちなみに、三菱重工はMRJの量産工場予定地の隣にある「小牧南工場」で各種の戦闘機やヘリコプターなどを製造しているが、同工場の従業員数は約1500人である。なぜこれほどまでにMRJの量産で人を増やす必要があるのか。

それは、三菱重工やその協力会社がこれまでボーイング向けに手がけてきた「機体組み立て」に加え、MRJでは新たに座席や窓枠といった「内装品」や、細かな配管・配線の組み付けも必要となるためだ。

この内装品や配管・配線の組み付けが手間のかかる作業で、場合によっては人の片手しか入らないような狭い場所での作業もあるとされる。航空機産業では組み立て作業のロボット化が進んでいないため、量産ペースを上げる際には、大量の作業者を育てるか、個々の作業者の力量を上げていくしかない。

将来予測される人手不足に関して、「増産対応するには、派遣労働者などを受け入れれば済むのではないか」との指摘もある。一理あるとは思うが、現在のところ航空機の組み立て作業は派遣法の解釈上は「単純労働」に分類されており、労働者の受入期間が3年に制限されている点がネックとなる。

ＭＲＪを含む航空機の機体組み立てを主力事業とする東明工業（愛知県知多市）の二ノ宮啓社長は、「航空機の仕事は複雑で、習熟するのには時間がかかる。（製造業派遣の限度年数である）3年では、技術者として育たない」と述べる。

「作業者一人ひとりの責任の範囲が、他の産業と比べて極めて大きい。作業のトレーサビリティー（生産履歴管理）を徹底しており、何月何日に、だれがどの機体を作ったのかが文書で保存される。将来、仮に重大な事故が起きた際には、さかのぼって担当者を確認できる。さらには、万が一、組み立て作業者の過失で航空機の死亡事故などが起きた場合、会社だけでなく作業者個人にも数億円、賠償を請求される可能性がある。これが果たして〝単純労働〟だろうか」（二ノ宮社長）。

同社はこの状況に危機感を持ち、最近では派遣を減らして直接雇用を増やしているという。二ノ宮社長が提案するのは、組み立て作業を「単純労働」から外し、派遣労働者の受入期間制限のない「政令26業務」の一つに加えること。すでに、航空機の設計作業は政令26業務に加えられ、設計技術者を専門に派遣している企業も多数ある。組み立ても政令26業務に認められれば、3年という受入期間を撤廃することができ、企業にとって、フレキシブルな雇用に結びつく。

国や自治体も重工会社と連携し、人材育成事業に乗り出しているが、エンジニアは一朝一夕には育たない。時間をかけて育成することが必要だ。

コストダウンが課題に

リージョナルジェットは航空機の中でも競合メーカーの多い分野。MRJを世界的な競争力を持つ機体にするためには、量産型機のコストダウンも、待ったなしの課題となる。三菱重工は14年秋、機械加工などを手がける協力会社に対して、量産段階での部品発注単価を試作初号機と比べて半分から4分の1にする方針を伝えた。同社は量産1号機の製造コストを試作初号機と比べて約2分の1、量産12号機では約4分の1に下げる目標だ。

一般に製造業では、同じものを作り続けるとコストは安くなっていく。作業者の習熟度が増し、機械の段取りを速くできたり、加工の「コツ」を掴んだりできるためだ。航空機産業では、これを「ラーニングカーブ（学習曲線）」と呼び、部品メーカーへの発注単価を一定の割合で下げていくことが一般的になっている。

しかし、協力会社によっては試作機用の部品を契約した時に既に他の機種よりも低い価格で契約していた場合もあるとされる。ある部品加工会社の社長は「もともと安い発注単価を、さらに下げるのは厳しい」といった声を漏らす。量産の契約は三菱重工と個々の企業との間でそれぞれ結ぶが、価格交渉は難航も予測されそうだ。

「カスタマーサポート」も重要に

もう一つ、ＭＲＪを機に日本の航空機産業が変わるポイントがある。それは、「カスタマーサポート（顧客支援）」と呼ばれる、アフターケア体制の構築だ。補修部品の保管・納入や乗務員の訓練、機体やエンジンの整備・修理（ＭＲＯ）などの体制のことで、顧客に機体を引き渡した後に必要となる。三菱航空機の川井昭陽社長は「航空機を作ることと同等か、それ以上に大きな課題」と明かす。

実際に、世界のメーカーはどんなカスタマーサポートを行っているのか。筆者は13年、フランスにあるヘリコプター会社「ユーロコプター」(現エアバス・ヘリコプターズ)のロジスティクスセンター(物流倉庫のような施設)を取材する機会があったが、内部はさながら鉄道会社の「中央司令室」のような感じだった。部屋の中央部に位置するモニターに地図が映し出され、世界中の顧客から寄せられる交換部品の注文に、24時間体制で対応していた。同社の担当者は「ヘリコプターを導入する顧客にとって、それは『赤ちゃん』をもらうようなもの。私たちは、ヘリコプターを売っているだけでなくて、使い方を含めたミッション(役目)を売っている。だからこそ、サポートが重要なんです」と説明していた。

例えば就航後に機体が故障した場合、航空会社はメーカーのだれに問い合わせれば良いか。代わりの部品をどれだけ早期に納められるのか。技術者は何時間で駆け付けられるか。こうしたサポート体制の充実度は航空機メーカーの評判を左右し、受注競争にも大きく影響する。

特にリージョナルジェットのＭＲＪは、主には大都市間ではなく地方路線で運航される機体。主要都市にサポート要員や関連設備を持てばよい大型機と比べても、サポート体制の構築は難しいと言われる。「我々に整備ノウハウがない。(支援契約を締結している)米

ユーロコプター（現エアバス・ヘリコプターズ）の
ロジスティクスセンター（2013年）

ボーイングの知見を借りて、急速に立ち上げている」。三菱重工の大宮英明会長は14年秋、ＭＲＪのロールアウト（完成披露）後、記者団に対してこう述べた。

航空会社側は、このサポート体制の良し悪しを特に重要視しているようだ。ＭＲＪを32機発注しているＪＡＬの西山一郎機材グループ長はこう述べる。

「絶対に必要なのはマニュアルにない壊れ方をした時（の対処法）。例えば雷に打たれて壊れた時などに、メーカーに問い合わせて技術的な回答をもらうことになる。この時に回答に時間がかかれば、飛行機を飛ばせない時間も長くなってしまう。当社のみならず海外の航空会社もＭＲＪを発注しているので、メーカー側としても24時間体制でノウハウを持つ人が答えられる体制をつくっていただきたい」。

同じく、ＭＲＪのローンチカスタマー（航空機開発の後ろ盾となる顧客）であるＡＮＡホールディングスの吉田秀和機材計画チームリーダーも、こう強調する。

「カスタマーサポートは、航空機の型式証明（ＴＣ）を取るのに直接必要となる機能ではないかもしれない。しかし、航空会社に機体が引き渡され、商業運航を始めたその瞬間から必要になる機能だ。当社も、納入後に想定される整備に関して三菱航空機にアドバイスしている」。

ライバルは一歩先を行く。ＭＲＪと同じ「リージョナルジェット」市場で世界シェアの約4割を持つブラジルのエンブラエルは、すでに世界中でカスタマーサポートの体制を整備し、日本を含む先進国に多くの機体を売り込んでいる。14年2月、シンガポールの航空ショーで民間機部門のパウロ・シルバ社長は、ＭＲＪとの競争について筆者の質問に「我々にはカスタマーサポートなどの点で強いインフラがある」と自信を示していた。

三菱航空機は、ＡＮＡやＪＡＬとも連携し、これから航空機メーカーとしてのインフラ作りを進めていく。ボーイングなど経験のある欧米企業と提携したり、担当部門の人員を増やしたりしている。

具体的な取り組みとして挙がっているのは、日米欧への「デポ」(部品倉庫や整備などの拠点）の設置だ。必ずしも自前の施設とはせず、ボーイングの既存設備や専門企業を活用することも含めて検討する。「数百億円の投資が必要かもしれない。それだけの投資をしたとしても十分かは分からない」(川井昭陽三菱航空機社長)。カスタマーサポートの整備も型式証明の取得や量産体制の構築と並び、イチからの立ち上げとなる。

「産業が変わる」

国や行政による産業支援も、MRJをきっかけに、今後数年で大きく変わりそうだ。前述したように、「ノコギリ発注」から「一貫生産」へと業界の発注形態が変わる。その中では、これまでのように重工メーカーへの支援だけでなく、直接、中堅・中小企業への支援が必要になってくる。

経済産業省航空機武器宇宙産業課の飯田陽一課長は、最近の政策の変化について、こう語る。

「今までの航空機産業の政策は、基本的には重工会社(三菱重工業、川崎重工業、富士重工業、ＩＨＩなど）が頑張っているのを応援していればそれで済んだ。しかし、重工会社自身もアウトソーシングし始めているので、それを支えるところ（中小企業）に政策的な手当てをしないといけない。今までは重工が全部、『おんぶにだっこ』で中小企業を世話していたが、そうではなくなってきたし、かつ、重工の枠の外で事業を始めようとしている」。

ここで言う「重工の枠の外」とは、海外企業との取引を指している。これまで、重工メーカー向けの仕事がほとんどだった航空機関連の中堅・中小企業でも、一貫生産の力を付けられれば、今後はどんどん海外に部品を輸出していけるかもしれない。

「完成機事業の事業者（三菱航空機）が出てきたからこそ、政策領域が広がっている。今後は、加工外注だけでなくて『部品発注』、『購買』ということになるので、中小企業にも品質保証が出来る人、材料調達ができる人などが必要になってくる。それぞれお客さんのレベルは違ってくると思うが、ある種のエコシステムをちゃんと作っていこうという政策に変わりつつある。政策の内容がこの1―2年で大きく変わりつつあると思う」（飯田課長）。

ＭＲＪだけではない。今、この瞬間にも航空機市場は拡大が続いており、競争が激しくなっている。既存の欧米向けの下請け事業でも、量産機数の増加やコストダウンの取り組みが必須になっている。一部の中小企業では、1社あるいは複数の社が連携することによって、海外企業から受注を取る事例も出てきた。

こうした変化に対応すべく、経産省は14年7月、航空機武器宇宙産業課に新しく「航空機部品・素材産業室」を立ち上げた。ＭＲＪはもちろん、これまで機体部品やエンジン部品に偏ってきた産業構造を変え、機体の内部に搭載される電子部品や内装品など、「装備品」と呼ばれる分野への参入拡大を目指す。

日本の航空機産業は、ＭＲＪの登場と世界的な市場拡大によって、その産業構造が変わる過渡期にある。市場自体の成長は確実と考えられるだけに、その成長をいかに国内に取り込むかが重要となる。

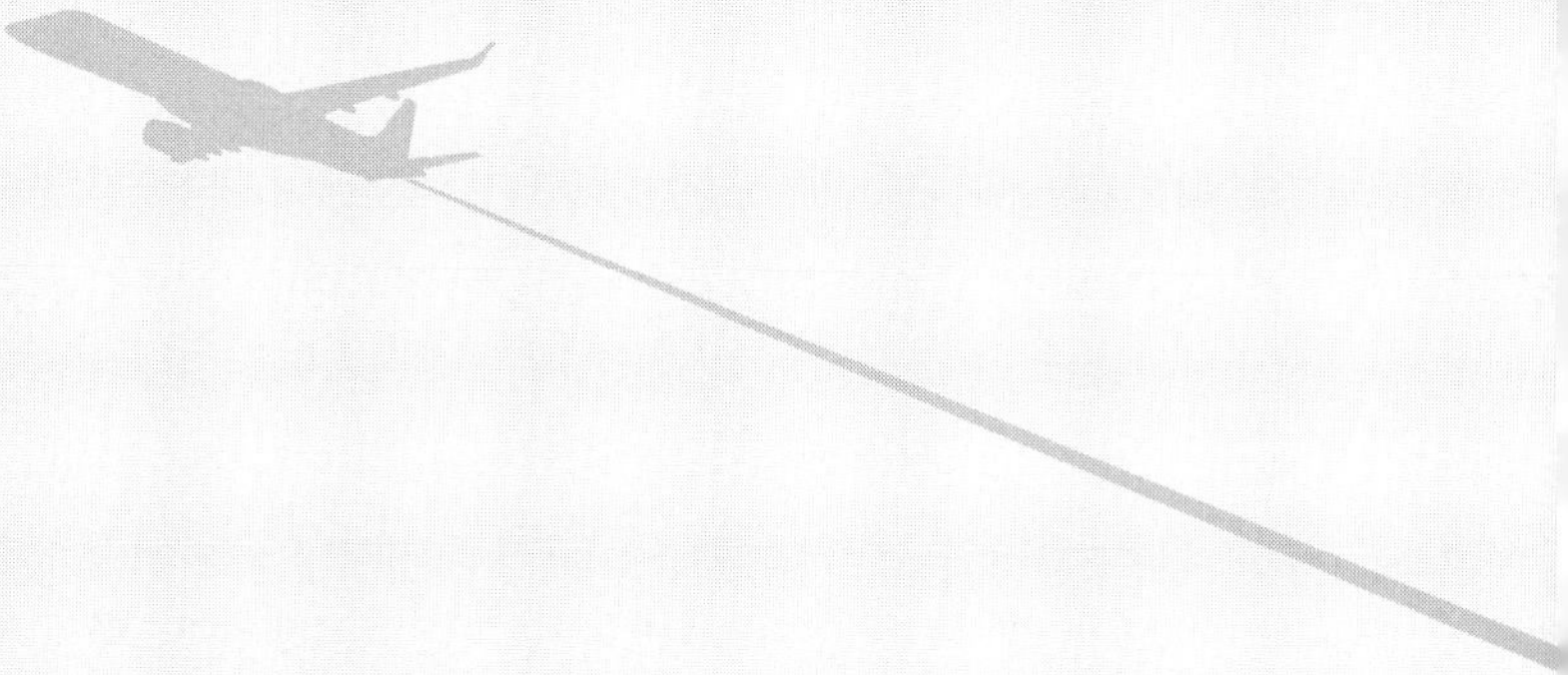

第三章

「航空機大国」の栄光と挫折

ＭＲＪで「航空機製造国」への仲間入りを目指す日本。だが、そもそもなぜ、日本には航空機メーカーが存在していないのだろうか。第三章・第四章では、日本が航空機大国といわれた「戦前・戦中期」と、初の国産旅客機である「ＹＳ―11」の二つに絞って、日本の航空機産業史を俯瞰《ふかん》したい。

「ライト兄弟」よりも先？

人が乗り物を使い、空を飛ぶようになったのは、今から１１０年ほど前のこと。１９０３年（明治36年）12月17日、米国のライト兄弟は木製の機体にエンジンを載せた「ライトフライヤー号」で、有人動力飛行に成功した。このニュースは人類初の偉業として世界を駆けめぐった。

実はこのとき、ライト兄弟の快挙を忸怩《じくじ》たる思いで聞く一人の日本人がいた。二宮忠八という男。実は二宮は、ライト兄弟に先んじること12年前、日本で初めて模型のプロペラ機を飛ばしていたのだ。

二宮は１８６６年、海産物問屋の四男として現在の愛媛県八幡浜市に生まれた。21歳で陸軍に入り、行軍中に兵隊たちの残飯を目当てに群がるカラスの見事な滑空ぶりをみて、人間が空を飛ぶための道具、すなわち航空機の着想を得たとされている。二宮はそれを飛行「器」と呼び、以後は飛行原理の研究に熱中していく。

航空機という乗り物が黎明期にあった当時、機体開発を思い立った人は他にもいたかもしれない。しかし二宮の熱意は揺るぎなく、休暇で地元に戻った時などに、独自に飛行器の研究を続けた。

最大の課題はプロペラを回すための動力をどう確保するかにあった。そこで、「いろいろなゴムを捜して試していたところ、仕事場で使っている聴診器の古くなったゴム管を細く切り巻き上げて、エネルギーを長く持続させることに成功する」（杉浦一機「ものがたり　日本の航空技術」）。

そして1891年、「カラス型飛行器」を完成させる。全長35センチメートル、幅45センチメートルの機体で、主翼は波打つ形に折れ曲がり、カラスが羽根を広げたような形だった。プロペラは機体の上部に設置された。同年4月29日夕刻、二宮は香川県の丸亀練兵場に飛行器を持ち込み、プロペラを最大限に巻きながら地面にセットした。

「『ブルン、ブルン』と音を立てて走り出し、三mほど滑走すると機体は浮いた。そして一mほどの高さまで上がり、三〇mほど先の草むらに落ちた」（杉浦一機「ものがたり　日本の航空技術」）。模型とはいえ、日本で初めて動力を持つ物体が空を飛んだ瞬間だった。翌日には、地面からではなく手持ちの状態で飛ばし、36メートル飛ばした記録が残っている。

二宮は息つく間もなく、本題であった有人飛行器の研究に着手する。空気抵抗について調べるため「丸亀の福島橋の上から傘を広げて川の中に飛んだりもした」（杉浦一機「ものがたり　日本の航空技術」）という。同時に、カラス以外のさまざまな飛行物体も研究した。

結果、今度はカラスではなく昆虫のタマムシやカブトムシに注目。これらの昆虫は「前翅《ぜんし》」と呼ばれる外側の硬い羽根を開いて固定させ、中にしまっていた軟らかい「後翅《こうし》」を振動させ、「ブーン」という音を立てながら飛ぶ。二宮はこれを参考に、前翅に見立てた大きな固定主翼の下に、後翅の役割を果たす可動式の小さな翼を置いた形状の「玉虫型飛行器」を製作することにした。

二宮は、軍務を続けながらも玉虫型飛行器の開発を進め、今度は鉄の骨組みを布で覆って人間が乗れるくらいの耐久性を確保。1893年に設計を完了した。しかし、経済的な事情もあって機体製作はなかなか進まなかった。さらには飛行実験に入ろうとした矢先の1894年に日清戦争が勃発。二宮は朝鮮半島に派兵され、飛行器開発は実質的に停止する。

玉虫型飛行器の復元模型（石川県立航空プラザで）

しかし二宮はここで、偵察や攻撃などに用いる兵器として飛行器が使えると考え、何度も軍内部で上申。しかし軍幹部の腰は重く、採用には至らなかった。1896年（明治29年）にはドイツから石油発動機が輸入され、二宮はこれが飛行器の動力になると直感。軍幹部に再度、意見する。

「残された問題は動力であります。〔中略〕東京では石油発動機をつけた自転車が走りだしたとのことですが、小生の考えでは石油発動機が飛行器に最適です。〔中略〕石油発動機の貸与と専門技術者の協力をお願い申し上げます」（杉浦一機「ものがたり　日本の航空技術」）。しかし、二宮の熱意もむなしく、幹部からはふたたび却下されてしまう。

もう飛行器は独力で作るしかない――。軍を除隊した二宮は、製薬会社で働きながら、なおも有人飛行器の研究を続ける。しかし1903年12月17日にライト兄弟が初飛行に成功してしまったことを知って脱力し、開発への執念を失ってしまう。この時の二宮の様子は、二宮自身が後に創建した「飛行神社」（京都府八幡市）の記録に、詳しく示されている。

「忠八はこぶしを握りしめ無念の涙を流し、今飛行機を作ったとしても『欧米追従の飛行機』、ライト兄弟の真似をしたという評価しか受けないだろうと、製作を断念した」。

20代の若いころから空飛ぶものに魅せられ、研究開発を続けながら、軍に何度も開発を訴えた二宮忠八。その原動力は、文明開化後の技術革新の時代に一人の明治人が抱いた空への夢であると同時に、「欧米に先鞭《せんべん》をつけたい」という野心でもあった。

二宮は、1915年（大正4年）に現在の京都府八幡市に私財を投じ、「飛行神社」を設立。1936年（昭和11年）に没した。同神社は現在まで続いており、航空殉難者《じゅんなんしゃ》などを祀《まつ》り、航空安全と航空事業の発展を祈願している。

有人飛行に成功しなかった二宮に対する歴史的な評価は定まっていない。しかし、他に類を見ないほど先進的な飛行原理の研究と、ライト兄弟と時期を同じくした動力飛行機の開発は、歴史的価値が大きいとして見直す動きが出ているのも事実だ。彼のことを「日本の航空機の父」との指摘もあり、二宮の研究はわが国の航空機産業の礎となっている。

大正時代に進んだ航空機の研究

日本で初めて動力飛行に成功したのは、陸軍大尉の徳川好敏《よしとし》と日野熊蔵だ。1910年(明治43年)12月、フランスやドイツから購入した機体での飛行に成功した。

その後、大正時代に入ると、欧米で進む航空機開発に刺激される格好で、日本国内でも航空機の研究は本格化する。その研究者のひとりが、東京帝国大学理科大学(現在の東大理学部)教授の田中舘愛橘《たなかだてあいきつ》だった。

田中舘は1909年、在日フランス大使館付の駐在武官だったル・プリウールや海軍大尉の相原四郎とともに、動力を持たないグライダーでの初飛行に成功。続いて動力付きの飛行機作りに進もうとするも、プリウールの帰国によって、その機会を逸してしまう。

もともと地震学者として地磁気の研究をしていた田中舘。フランス出張中に現地で飛行船を見て航空力学に興味を抱き、帰国後は日本初の風洞を作るなどして、航空機の研究にまい進する。

自前の航空機開発は中止せざるをえなかったものの、1918年には航空機の基礎研究を中心とする航空研究所（航研）を東京帝大に設立。以後、航研は日本における航空関連の研究の中心地となり、現在は宇宙航空研究開発機構（ＪＡＸＡ）として、日本の研究をリードし続けている。

東京帝大による研究の中から実際に生み出された機体が、１９３８年に周回長距離飛行で世界記録を樹立した「航研機」（正式には「航空研究所試作長距離機」）である。

航研機は１９３８年5月13日から15日にかけて、現在の千葉県木更津市や同県銚子市、群馬県太田市、神奈川県平塚市を回る1周約４００キロメートルの周回コースを、合計約62時間かけて29周。無着陸での総飛行距離1万６５１・０１１キロメートルという当時の世界記録を達成する。

一方で、草創期にあった航空機という乗り物が、一般に広く認知されるまでには、新聞社の担った役割も大きかった。１９２５年、朝日新聞社の「初風《はつかぜ》」「東風《こちかぜ》」の２機が日本初の訪欧飛行に成功した。

フランス製の航空機である2機は、７月25日に東京を発ち、モスクワやベルリン、パリ、ロンドン、ブリュッセルを訪問。出発から3カ月後の10月27日、終着地のローマに到着した。

同社は訪欧飛行に先駆けること2年前の１９２３年には、東京と大阪を結ぶ定期航空便

航研機の実物大模型（青森県立三沢航空科学館提供）

も開始している。同社や航空関係者らが中心となって「東西定期航空会」を立ち上げ、軍から払い下げを受けた機体を使って貨物便を運航した。

さらに昭和に入った後も、1937年（昭和12年）には陸軍機を改造した同社の「神風号」が、英国王ジョージ6世の戴冠式記念を目的とする東京―ロンドン間の親善飛行に成功。当時、海外の飛行機が相次いで失敗していた欧州―アジア間の連絡飛行を約94時間で達成した。当時、フランスなどの飛行家が100時間以内の日本到達を目指す中、神風号の94時間は世界最速となった。

1939年には、朝日のライバルである大阪毎日新聞社と東京日日新聞社（現毎日新聞社）が、海軍機を改造した「ニッポン号」で世界一周に成功。4大陸と大西洋、太平洋の2大洋を横断した日本初の機体となった。

世界各国で航空機による長距離飛行の競争が過熱する中、朝日、毎日いずれの機体も国内外から大きな注目を集めた。一方で開発や操縦に携わった者などが英雄視され、国威発《はっ》揚《よう》に利用されたりしたことも否めない。

戦時下の技術開花　日本は航空機大国に

一方、飛行機を兵器として活用する動きが本格化したのも、大正以降となる。明治の日清・日露両戦争を経て航空機の可能性に着目する幹部が増え、陸軍・海軍ともに、偵察や攻撃に使う軍用機としての研究を開始した。当初は輸入した海外製の航空機をどう使うかという研究で手一杯だったが、大正中期に入ってからは、本格的に国産航空機の可能性を模索するようになる。

この時期には、現在まで続く日本の航空機産業の原型ができた。軍の動きと相まって、国内に複数の航空機メーカーが誕生したためだ。まずは海軍出身の中島知久平が1917年（大正6年）に設立したのが、「飛行機研究所」（のちの中島飛行機）。現在の富士重工業の前身企業であり、1945年の終戦までは三菱と肩を並べる2大航空機メーカーとして名を馳せた。

一方、造船業を主力とする三菱も、1920年までには航空機事業を立ち上げる。同年、「三菱内燃機製造」を設立。名古屋に主力工場を構える。その後、同社は「三菱航空機」と名を変え、1934年（昭和9年）には造船部門と合併して「三菱重工業」となり、国産戦闘機として最も有名な零式艦上戦闘機などを生み出した。

このほか、川崎造船所（のちに川崎航空機工業として分社、現在の川崎重工業）や川西機械製作所（のちに川西航空機として分社、現在の新明和工業）なども1920年代に次々と航空機に参入した。

これらのメーカーは陸海軍の出す開発要求に応じて多数の航空機を開発し、生産した。当時は航空機の民間市場が育っておらず、特に昭和期に戦時色が強まってからは、航空機メーカーの命運は軍とともにあったと言える。

開発段階では複数メーカーが試作機を作り、実際に軍パイロットが操縦して性能や操作性などを分かった上で発注先を決める方式を採った。このためメーカー間には大いに競争原理が働き、技術的に当時の世界最先端を行く「名機」が多数生まれる。そのいくつかを見ていく。

「零戦」――三菱の名機

「その内容にざっと目をとおした瞬間、私は、われとわが目を疑った。〔中略〕この要求書は、当時の航空界の常識では、とても考えられないことを要求していた。もし、こんな戦闘機が、ほんとうに実現するのなら、それはたしかに、世界のレベルをはるかに抜く戦闘機になるだろう。しかし、それはまったく虫のよい要求だと思われた。」（堀越二郎「零戦　その誕生と栄光の記録」）。

零戦の主任設計者で、映画「風立ちぬ」の主人公のモデルにもなった三菱重工業の堀越二郎は、1937年10月、のちの零戦となる「十二試艦上戦闘機」の性能目標が書かれた設計要求書を受け取った時の驚きを、自著にこう記している。

約20項目からなる海軍の設計要求書は、従来の戦闘機の航続距離を約2倍に伸ばし、高い空戦性能を持ちつつ、最大速度も向上させるというものだった。すべての主要な性能を高レベルで求めており、無理難題が詰め込まれた要求書だった。競合関係にあった中島飛行機は、この試作機の開発を断念したほどだ。

しかし堀越は、欧米で航空機を学んだ経験や、彼の「前作」に当たる「九六式艦上戦闘機」（九六艦戦）で採用していた技術を惜しみなくつぎ込むことで、最終的にはこの無理

離陸する零戦（ラバウル東飛行場で撮影、三菱重工業提供）

難題を解決する。

零戦に関してはすでに語り尽くされている感もあるが、その最大の特徴は高い運動性能だ。機体の骨組みにいくつもの丸い穴をあける「肉抜き」や、パイロットを守るための鋼鉄製の背板の撤去などにより、徹底的に機体を軽量化。また、住友金属工業の開発した「超々ジュラルミン」という高強度な新型アルミニウム合金によって、強度を確保した。

それから、九六艦戦に続いて採用した「沈頭鋲《ちんとうびょう》」（頭の出ない留め具）を使った空気抵抗の軽減、また主翼の仰角《ぎょうかく》が先端に行くに従い下がっていく「ねじり下げ翼」といった構造

零戦の原型となった三菱重工業の「十二試艦上戦闘機」（A6M1）の組立風景（三菱重工業提供）

も特徴となっている。

零戦は、太平洋戦争勃発《ぼっぱつ》前年の1940年に運用が開始され、終戦までに日本軍機として最多の1万430機を生産。このうち約3分の1を三菱が、約3分の2を中島飛行機が手がけている。

もっとも、太平洋戦争中盤からは米軍が零戦に対抗して開発した艦上戦闘機「グラマンF6F」（通称ヘルキャット）に圧倒されるようになり、終戦間際には、多くが特別攻撃（特攻）に使われてしまったことは、周知の事実だ。

「隼《はやぶさ》」、「疾風《はやて》」――陸軍の主力機

一方、陸軍の大戦期における主力戦闘

中島飛行機の一式戦闘機「隼」（富士重工業提供）

機となったのが、1941年に運用開始された中島飛行機の一式戦闘機「隼」。開発の主な目的は、爆撃機が飛行しやすいよう敵地上空（特に長距離）の制空権を握ること。航続性能や防弾性能に優れ、陸軍の主力戦闘機となった。海軍の零戦と比較すると、攻撃力に特化したのが零戦だったのに対して、隼は防御力も兼ね備えたバランスの良い戦闘機だったといえる。

また、戦局悪化の一途にあった1944年から配備されたのが、四式戦闘機「疾風」。その愛称の通り素早い飛行機で、最高速度は日本軍機として最高の時速624キロメートルに達した。ただし、当時の量産体制の不備などもあり、設計

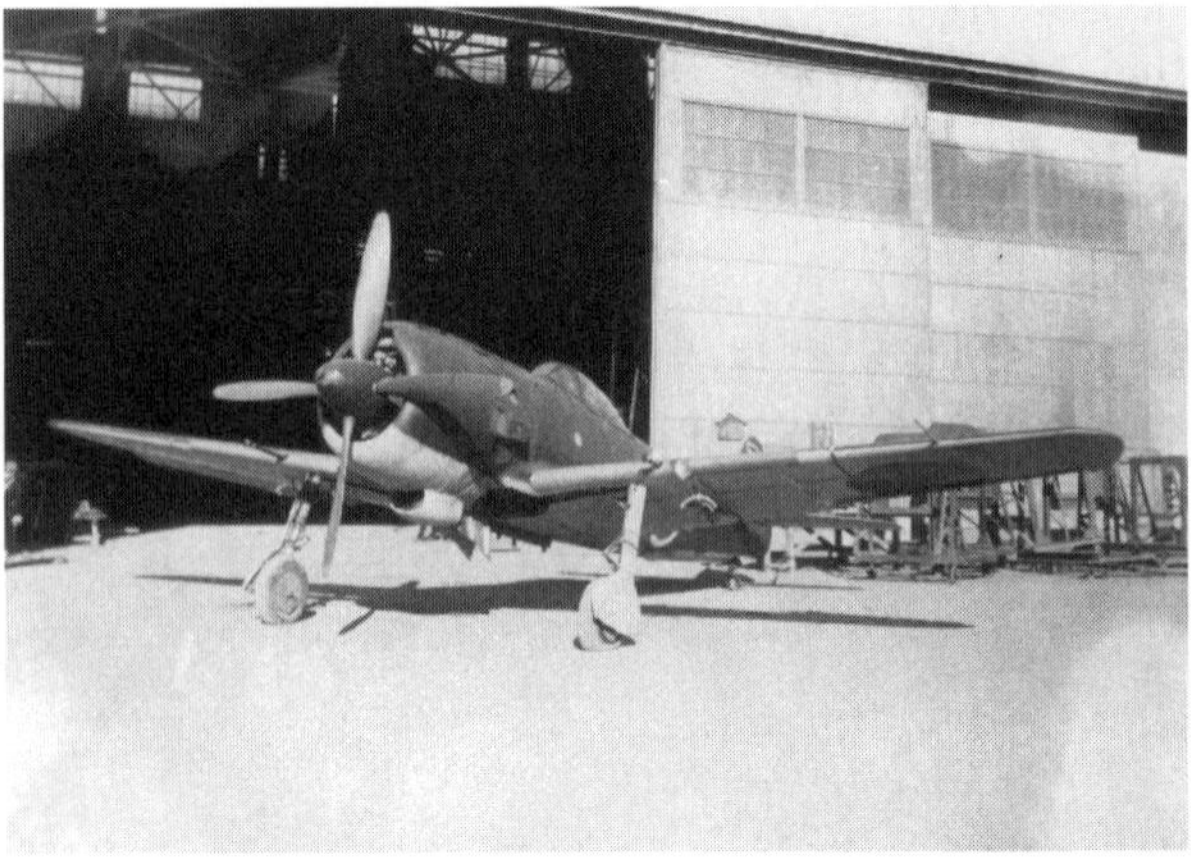

中島飛行機の四式戦闘機「疾風」（富士重工業提供）

通りの性能が出ないこともあったとされる。
中島飛行機は終戦までに、「隼」を約5700機、「疾風」を約3500機生産した。

「飛燕《ひえん》」——初の〝液冷〟エンジン搭載機

量産型の戦闘機としては日本で初めて、「液冷」式のエンジンを採用したのが、川崎航空機工業（現川崎重工業）の三式戦闘機「飛燕」だ。「零戦」や「隼」など、太平洋戦争当時の日本軍機の多くが空気によってエンジンを冷やす「空冷」式を採っていたのに対し、飛燕は水などの液体で冷やす方式のエンジンを採用した。

液冷式のエンジンは一般に、空冷式のもの

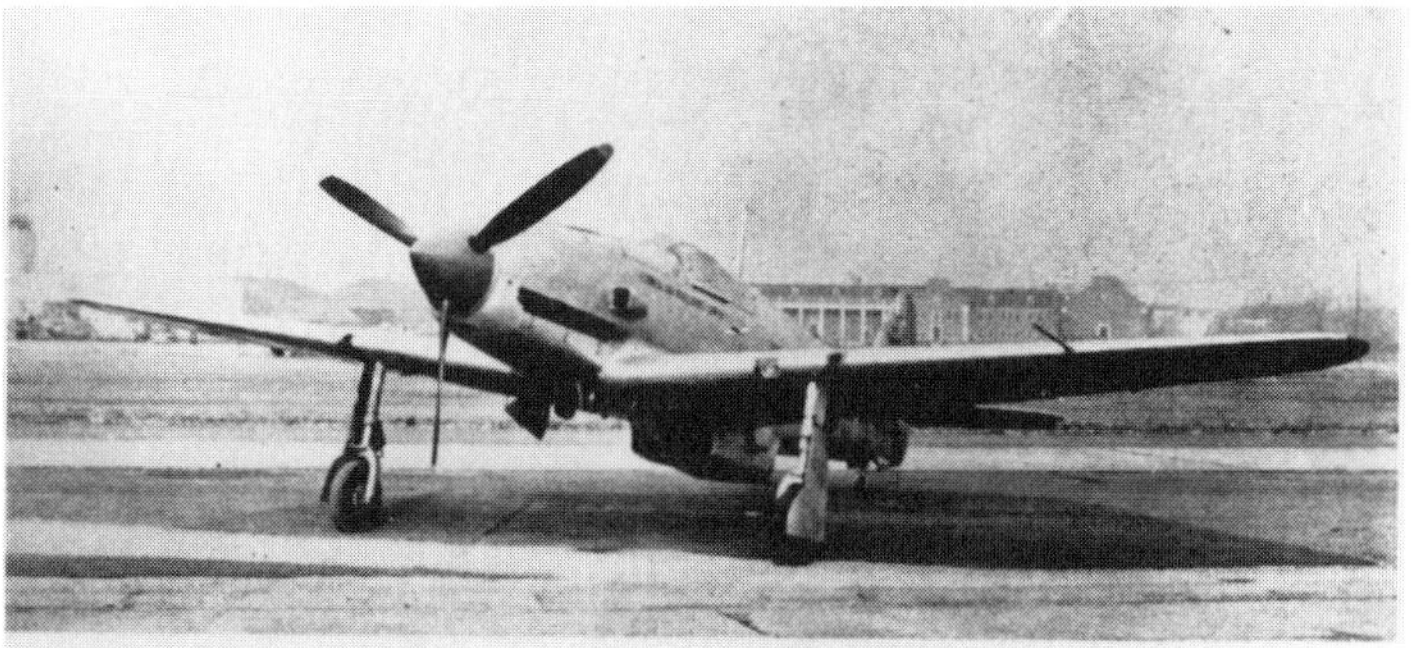
三式一型戦闘機「飛燕」（The Army Type 3-1 Fighter "Hien"）

「飛燕」（川崎重工業提供）

よりも前面から見た面積が小さいため、空気抵抗が減り、水平飛行や降下時のスピードを速められるメリットがある。半面、冷却装置の分だけ構造は複雑となり、機体全体の重量が増すので、加速力は空冷式に劣る。

陸軍は太平洋戦争前の1940年、川崎航空機に対して、ドイツ軍機に採用されていた独ダイムラー・ベンツ（DB）製の液冷エンジン「DB601」のライセンス生産を指示。川崎はこれを「ハ40」として生産し、同時にこのエンジンを搭載する航空機「飛燕」を開発した。ちなみに、海軍向けには、当時の愛知航空機（現愛知機械工業）が同様にDB601をライセンス国産化し、「アツタ」と命名。艦上爆撃機の「彗星《すいせい》」などを開発している。

ただ、液冷式のエンジンはライセンス生産だっただけに、当時の日本には製造や整備のノウハウが乏しく、量産には手間取った。さまざまな資料によると2500—3000機が製造されたとみられるが、なかには液冷式エンジンの生産が追い付かず、川崎の工場内にはエンジンの搭載を待つ「首なし」の機体が並んだという。

大戦末期には、こうした「首なし」の飛燕を何とかするため、陸軍は苦肉の策としてエンジンを空冷式のものに変えた戦闘機を作った。正式な機体の名称や愛称はないが、運用開始が1945年（当時の紀年法で『皇紀2605年』）だったことから、通称「五式戦闘機」と呼ばれている。

「紫電改《しでんかい》」——最強の戦闘機とも言われた

太平洋戦争の戦局が悪化し、前述のように空の戦いでも零戦が米軍のヘルキャットに圧倒されていた1945年、帝国海軍が状況打開を狙って投入したのが、川西航空機の局地戦闘機「紫電改」だ。同機を運用する海軍第343航空隊の司令に、真珠湾攻撃計画に航空参謀として参加した源田実大佐が就くほど、海軍は紫電改に期待していた。

紫電改は、零戦など太平洋戦争初期に活躍した機体に代わる、新世代の主力戦闘機としての役割を期待された。操作性能を向上するため、機体の速度と荷重に応じフラップ（高

川西航空機の局地戦闘機「紫電改」（新明和工業提供）

揚力装置）の角度が自動で変わる「自動空戦フラップ」や、空気抵抗を抑える「層流翼」と呼ばれる翼など最先端の技術を採用。高い空戦性能を誇った。連合国側からは「ジョージ」のコードネームで呼ばれた。原型の「紫電」と合わせ、計１４００機が生産された。

量産されなかった「ジェットエンジン機」と「ロケットエンジン機」

また、終戦によって実用化には至らなかったものの、日本は終戦間際に二つの画期的な航空機を開発していた。ひとつは国産初のジェット機として開発が進められた中島飛行機の「橘花《きっか》」。もうひとつは三菱

日本初のジェットエンジン搭載戦闘機「橘花」（富士重工業提供）

重工業のロケットエンジン戦闘機「秋水《しゅうすい》」である。

1944年、ドイツはジェット戦闘機「メッサーシュミットMe262」を開発し、世界で初めてジェットエンジンを積んだ航空機を実用化した。自動車と同じレシプロエンジンを搭載していた従来の航空機に代わる新時代の技術だった。

今では航空エンジンの中で最も一般的になっているジェットエンジン。簡単に言えば前方から取り込んだ空気を圧縮し、燃料と混ぜて爆発させたエネルギーを後方に噴出することで推進力を得る構造だ。

橘花は、日本がMe262を開発した同盟国ドイツから技術提供を受けて、中島飛行機が製造した海軍の航空機だ。中核とな

日本初のロケットエンジン搭載戦闘機「秋水」の試験に臨む技術者ら（三菱重工業提供）

るエンジンにも、Ｍｅ２６２に搭載された独ＢＭＷ製エンジンを参考にして国産化したジェットエンジン「ネ20」（石川島重工業、現在のＩＨＩ製）を搭載。実用化レベルに達したものでは国産初のジェットエンジンである。

橘花は広島に原子爆弾が落とされた翌日の１９４５年8月7日、千葉県の木更津飛行場で初飛行に至ったが、同15日の終戦によって開発も終了してしまう。

一方、同じくドイツは世界初、それも唯一の実用化に到達したロケットエンジン搭載戦闘機「メッサーシュミットＭｅ１６３」も開発していた。これを基に開発されたのが秋水だ。日本は、前述のＭｅ２６２と同様にＭｅ１６３の設計資料も取り寄せていた。ちなみに当時は資料の取り寄せも命がけ。戦況悪化により、日独間の海上輸送が難しくなる中、海軍は潜水艦を使って秘密裏に物資や技術資料を運ぼうとした。しかし、ドイツからジェットエンジンやロケットエンジンなどの資料を載せて帰る際、フィリピン沖で米軍の潜水艦に遭遇し、撃沈される。このため、シンガポールで航空機に乗り換えていた海軍中佐が持ち帰った一部資料を除き、ほとんどが消失してしまう。

ロケットエンジンはジェットエンジンのような空気取り入れ口がなく、内部で燃焼した燃料を勢いよく噴射することによって推進力を得る。空気の薄い高々度でも飛行させられる半面、燃焼の制御は非常に難しい。

秋水の開発にあたり、従来は別々の航空機を開発してきた陸海軍は共同で開発作業にあたることになった。ロケットエンジン「特呂《とくろ》」の開発は機体と同様、三菱重工業が担当したが、Ｍｅ１６３搭載エンジンに関する資料が概念図程度のものしかなく不十分だったため、ほとんど自主開発に近かった。

１９４５年７月７日、秋水は横須賀の追浜飛行場で初飛行したものの、離陸後に高度４００メートル地点でロケット噴射が止まって墜落し、テストパイロットの犬塚豊彦大尉が殉職する。その結果、再び飛び立つことはなく、開発は終戦とともに終わった。

軍と運命を共にした航空機産業

戦前・戦中の航空機産業を振り返れば、企業は軍とともにあったと言わざるを得ない。毎年の予算でどんどん新型機計画を出してくる軍と、それに応えるべく必至に機体を開発するメーカーの関係性は、まさに運命共同体と呼べるものだった。

軍はほかにも、米本土の爆撃を目指してエンジン6基の超大型爆撃機「富嶽《ふがく》」や、実際に米本土にも到達した風船爆弾などの航空兵器も開発していた。しかし、結局、日本は物量に勝る米軍など、連合国の優位を覆すことはできず、終戦を迎えた。

戦前・戦中に数々の航空機開発に携わった技術者の中には、終戦後に自動車や新幹線といった分野に転じ、今度は戦後復興のために身を捧げた人も多い。これがのちの国産旅客機「ＹＳ―11」や、現代のＭＲＪにも脈々と受け継がれていく。

飛行機トリビア② 「シロイルカ」が航空機作りに貢献？

航空機は、一つの工場内で組み立てられることもあれば、別々の場所で作った胴体や主翼をつなげて作られることもある。後者の場合、ユニークな形状をした専用の貨物機が、部品輸送に使われることが多い。

その独特なたたずまいから、「ベルーガ」（シロイルカ）の愛称で親しまれているのが、欧エアバスの貨物機。A300という中型旅客機の改造品で、コクピット上部、人の顔に例えれば「おでこ」の部分が、もっこりと上部に出っぱっている。貨物を搭載するときは、この「おでこ」が上に開き、大きな部材を飲み込む。残念ながら日本で見られる機会はほぼないが、欧州各地で製造されるエアバス機の部品を、最終組立工場の仏トゥールーズや独ハンブルクに送っている。

一方、米ボーイングの貨物専用機が「ドリームリフター」。こちらは大型旅客機の747を改造したもの。中型機「787」の主翼や胴体を輸送するのに使われる。787は「3重工」（三菱重工業、川崎重工業、富士重工業）を中心に日本企業が機体の35%を作っているので、ドリームリフターは日本にもよく飛来する。機体の後部が横に開き、荷物を入れるのが特徴だ。

ところで、エアバスは「ベルーガ」ができる前、1990年代初頭までは、「スーパー・グッピー」の異名をとる別の貨物機を使っていた。こちらはボーイングの輸送機を改造したもの。エアバスは自社の飛行機づくりにライバルの機体を活用していたことになる。一部には「エアバスの成功に最も協力したのはボーイング」と揶揄する向きもあるが、ある意味、エアバスが合理的な判断をしたと言うべきか。

航空機の胴体を積み込む大型貨物機「ベルーガ」（エアバス提供）

第四章

YS—11の登場と失速

戦後、「空白の7年間」からYS―11へ

1945年8月14日、日本は連合国側のポツダム宣言を受諾し、無条件降伏した。日本の占領統治を担う連合国軍総司令部（GHQ）はさっそく軍部や財閥の解体に動き出す。軍需産業の中心だった航空機工業を潰す意図も非常に明白で、同年11月18日にはいわゆる「航空禁止令」を公布。航空機の生産や研究のほか、運航などに関しても一切の活動を禁止した。「模型飛行機すら飛ばせない」とも言われるほど厳格な政策で、GHQは現存する空港や工場も駐留軍に接収させるなどして管理下に置いた。

この航空禁止令の公布から1952年に航空機の製造が許可されるまでの7年間を、航空機業界では「空白の7年間」と呼んでいる。世界でジェットエンジンを使った機体の開発などが本格化した時代に、日本の航空機産業は文字通り消滅していた。戦争に負けたからとはいえ、当時の業界関係者の無念さを想像するに忍びない。

風向きが変わったのは1950年の朝鮮戦争だった。中国やソ連といった共産主義国家と正面から対峙せざるを得なくなった米国は、対日政策を抜本的に転換。1952年には、サンフランシスコ講和条約と日米安全保障条約が発効し、日本は米軍の駐留継続を受け入れるとともに独立国の地位を得た。

国家の歩みと同様、航空機産業にとっても、1952年は大きな転換点となった。朝鮮戦争で損傷した米軍機などを修理する仕事が多く舞い込んだのだ。同年7月16日には航空機製造事業法が公布されて、航空機産業復活の狼煙《のろし》が上がる。8月には通商産業省に航空機課も新設。数百もの航空機関連工場や研究所が米軍から返還され、航空機の生産と研究が再開された。

メーカー各社は航空機事業の再開とともに、早速、米軍機の機体やエンジンの整備・修理（オーバーホール）を請け負った。朝鮮戦争の特需の恩恵もあって、航空機産業は急速に復活することになる。

朝鮮戦争が終わり、1954年には米軍に代わって日本の航空機業界の〝主要顧客〟となる航空自衛隊が発足。各社は米軍機のライセンス生産や国産ジェット練習機の開発などで経験を積んだ。しかし、この時点では、欧米で発展しつつあった民間輸送機分野への業界の関心は低く、航空機産業は戦中期と変わらない「軍需産業」の様相を呈していた。

ここで立ち上がったのが、航空機工業を指導する立場にあった通産省の一人の役人だった。初の国産旅客機「YS—11」の生みの親にもなった、航空機武器課長の赤沢璋一である。彼は中長期的な業界の成長には防衛需要だけでなく、今後世界的な成長が期待される民間機需要への対応が不可欠だ、との信念を持っていた。1956年、業界各社やエアラインへのヒアリングなどを経て「民間、防衛、輸出の3分野で需要を見込める中型輸送機」の開発構想を打ち上げる。

当時、赤沢を初めとする通産省が国産航空機を開発する根拠として多用したのは、「航空機工業ダイヤモンド論」だった。石川島播磨重工業（現ＩＨＩ）の技術者出身で航空ジャーナリストの前間孝則氏の著書によれば、赤沢らの理論展開はこうである。

「どんなパーティーでも、そのときにご婦人がどんな洋服を着ていても、やっぱりダイヤの指輪一つ持っていないような人は一流ではない。産業の国際比較をしてみた場合、やっぱり小粒でもいいからダイヤがほしい。航空機工業は、その意味では小粒であってもダイヤであって、航空機工業をもっていない工業国は、世界の中では一流の工業国としては通用しないんじゃないだろうか」（前間孝則「ＹＳ—11　国産旅客機を創った男たち」）。

航空機産業はその裾野が広く、他産業への技術的な波及効果が高い。また非常に精密で、高付加価値型の産業だ。だから国産旅客機の開発が必要である。〝日本の空を日本の飛行機で〟——。

こうした通産省の旗振りは、航空機産業界の賛同を得て、ついには税金を使った民間機開発を可能とした。

１９５６年、日本の航空機政策を審議する諮問機関の航空機生産審議会から中型輸送機計画を「慎重に計画を進めるべき」との答申を受けた通産省は、翌57年度の予算で設計研究費として3500万円を獲得した。具体的な機体計画の概要は次の通りだ。

・客席40—45席の双発ターボプロップ
・全幅30メートル、全長21—24メートル、総重量19—23トン
・巡航速度は時速480キロメートル、航続距離2000キロメートル
・開発期間5年、予算30億円

通産省は当初、予算案の段階では開発費30億円のうち2億円の拠出を計画し、初年度の1957年度は8000万円を要求していた。しかし、当時の大蔵省の反対などによって、その半分以下となる3500万円の補助金負担で決着した経緯がある。

この3500万円に、新三菱重工業（当時）や川崎重工業、富士重工業など民間機体メーカー6社が計4500万円を負担し、計8000万円の予算で中型輸送機の設計研究を始めることになった。57年5月には、実際に研究を進める受け皿として財団法人輸送機設計研究協会（輸研）が発足。この「輸研」での国産機研究で主導的な役割を果たしたのが、かつて戦前・戦中期に日本を航空機大国に押し上げた名機の設計者たちである。

「5人のサムライ」

国産旅客機研究の受け皿となった輸送機設計研究協会（輸研）には、のちにメディアが「5人のサムライ」と持ち上げた往年の設計者を含め、各機体メーカーから四十数人の技術者が集まった。

「5人のサムライ」の中心的存在だったのは、輸研の理事も務める日本大学の木村秀政教授だ。木村は戦前、長距離周回飛行の世界記録を打ち立てた東京帝大「航研機」の設計者である（第三章参照）。

二人目は新三菱重工業（現三菱重工業）から参加した堀越二郎。「零戦」を開発した天才設計者として戦前・戦中に名を馳せた。三人目は川崎航空機工業（現川崎重工業）の土井武夫。「飛燕」を開発した。四人目は新明和興業（現新明和工業）の菊原静男。「紫電改」の設計者である。

そして五人目が、富士重工業の太田稔だ。戦前は日本を代表する航空機メーカー、中島飛行機の技術者として、「隼」や「疾風」などの設計を主導した。

言うなれば、輸研には、日本が航空機大国だった戦前・戦中期のオールスターが集結したようなものだった。彼らは戦後に職をなくしたり、会社付となって事実上更迭されたりするなど、不遇な生活を送っていたが、通産省の提唱する国産旅客機に再び空への熱い思いが蘇《よみがえ》り、開発に参加したのだった。

「5人のサムライ」に課せられたミッションは、旅客機の基礎設計を終えることだった。しかし、彼らはかつて航空機大国の一翼を担ってきた自負があり、その議論はいつも白熱した。もともとライバル関係にあった者も多く、舌戦に収拾がつかなくなることもあった。

激しい議論の末、輸研設立から1年後の1958年（昭和33年）5月、ついに旅客機の基礎形が固まった。翼の面積とエンジンについて、いくつかの案があった中からそれぞれに「第1案」を選んだので、この機体は「輸送機設計研究協会」の「輸送機」のYと「設計」のS、それにエンジンと翼がそれぞれ第1案という意味で「YS—11《いちいち》」と命名された。

YS—11の主な特徴は次の通りだった。

▼全幅32メートル、全長26・5メートル
▼翼面積95平方メートルの低翼、運航自重14・18トン、最大離陸重量22・5トン
▼エンジンは英ロールス・ロイス製のターボプロップエンジン「ダートDa10」双発
▼巡航速度時速約490キロメートル、航続距離580海里（約1074キロメートル）、離陸滑走路長1200メートル

実はこの時、胴体の形状（太いタイプか、細いタイプか）や、座席間の間隔などは、5人のサムライの中で意見が分かれていた。とても「基礎設計が終わった」とは言えない状況だったのだ。それでもこうして主要諸元を決め、発表した背景には、翌年度の国家予算獲得に向けて政治家やメディア関係者にアピールするため、実物大模型（モックアップ）の製作を進めなくてはならないという事情があった。

通産省にとって、1959年度は国産旅客機が2年間にわたる基礎設計を終え、いよいよ事業化されるべきタイミングだった。通産省は、予算編成作業が大詰めを迎える1958年末にモックアップを製作し、大々的に披露することにした。

同年12月11日、日本飛行機杉田工場（横浜市金沢区）で、モックアップの盛大な披露式典が開催された。いま考えれば、模型が完成するだけで式典を開くというのも変な話ではあるが、ゲストは国会議員やメディアなど、ほとんどが航空の〝素人〟だった。前間孝則著の「YS―11　国産旅客機を創った男たち」によれば、この時の様子は次の通りである。

「素人は、エンジン艤装やコックピットの細かいところにはそれほど関心がないし、わからないので、省略していった。それに引きかえ、機内の座席や設備については、客としての立場から関心が強く、しかも素人にもアピールしやすい。〔中略〕それに、まだはっきりと決まっていない席の間隔は広々と取る九六五ミリピッチにしておきながら、その一方で、六〇席も配置する矛盾したものだった」

このほか、一流デザイナーによる西陣織の張り布を施した座席（当時の価格で1席あたり50万円もした）など、見た目重視で実際の機体とは差異のある「素人向け」のモックアップだった。

胴体に配された赤色灯は、実際は白熱電球を赤いガラスに収納したもので、機体の裏側で作業者が手動のスイッチを押して点滅させていたという、笑えない話もある。公開後は、本来の目的であるパイロットの操縦性確認や客室内の居住性確認などを検証するため、モックアップに第2期工事を施した。

ただ、こうした〝大芝居〟の成果もあり、披露式典に対するメディアや政治家の反応は上々だった。この時モックアップに搭乗した当時の通産相の後押しもあり、1959年度予算で、国産旅客機に対する政府からの3億円の出資と6000万円の補助金拠出が決定。同年春には、YS—11の開発、試作と量産を担う特殊法人「日本航空機製造」が設立されることになる。通産省の国産旅客機構想はこうして、ついに現実のものとなる。

「寄り合い所帯」での開発

1959年3月、国会で航空機工業振興法改正案が可決され、YS―11を開発・製造する官民出資の特殊法人「日本航空機製造」（日航製）の立ち上げが決まった。日航製は数カ月の準備期間を経て、6月1日に設立。それまでYS―11の開発を担ってきた輸送機設計研究協会（輸研）は、解散した。

日航製の資本金は当初5億円。政府出資が3億円、民間出資が2億円だった。同社は事業拡大に伴って増資を繰り返し、資本金は最終的に78億円となった。

日航製初代社長には、新三菱重工業相談役を務めていた荘田泰蔵が就任。その他の役員には機体メーカーや通産省、大蔵省などの幹部クラスが就いた。経営陣は、出資メーカーや政財界の寄り合い所帯だった。

機体開発の中心的存在となる主任設計者は選定に紆余《うよ》曲折《きよくせつ》があったが、最終的には、組み立てを担当する新三菱重工から東條輝雄が設計部長として選ばれた。戦前の宰相、東條英機の息子であり、後に三菱自動車社長にも就任する人物だ。

前述の「5人のサムライ」たちは、YS―11が事業化される段階になって全員が引退することにしていた。「これから始まる数千枚にも上る設計図、数百時間にも達する飛行テストの作業を考えると、基本構想がまとまったこの時期に、気力も体力もある若い世代にバトンを渡すのが妥当、と判断した」（杉浦一機「ものがたり　日本の航空技術」）ためである。

しかし、それまで開発にほとんどタッチしてこなかった若い世代の技術者に、機体の概要が固まった後から「あとはよろしく」と託すのも、唐突な話だった。前間孝則著「YS―11　国産旅客機を創った男たち」で、東條は当時の気持ちを率直にこう語っている。

「つくってみたところで、日本の飛行機など世界で売れるはずはないが、とにかく引受けた以上は、まともな飛行機が飛ぶところまではやってみるかというのが正直な気持ちだった」。

1960年に入り、YS―11の開発は本格化する。試作機は、部位ごとに機体メーカーが分担して製造した。各メーカーの参画シェアは次の通り。

▽新三菱重工業　54・2％（胴体、最終組み立て）
▽川崎航空機工業　25・3％（主翼、エンジンナセル）
▽富士重工業　10・3％（尾翼）
▽日本飛行機　4・89％（補助翼、フラップ）
▽新明和工業　4・74％（後部胴体、尾翼覆い）

製造途中のYS－11（三菱重工業提供）

▽昭和飛行機　0・54％（ハニカム構造）

機体の内部に搭載する各種の装備品には海外メーカー製のものも多く採用した。機体の燃費性能を大きく左右するエンジンには、英ロールス・ロイス製のエンジンが選ばれた。

YS―11は1961年に試作初号機の製造を開始。翌62年7月には完成披露（ロールアウト）を済ませ、8月30日にはついに名古屋空港（愛知県豊山町）で初飛行にこぎつける。

初飛行は表向き、非常に順調に行ったと強調された。実際には、後に「三舵問題」と呼ばれる、操縦性についての重要な問題が発覚していたが、その

初飛行するYS－11（三菱重工業提供）

事実は伏せられた。背景には、初飛行という祝い事の場で、あえて問題を表面化させるべきではないという日航製側の政治的配慮があったものと思われる。

ちなみに、三舵問題とは航空機の三つの舵（方向舵、補助翼、昇降舵）にそれぞれ起きた問題のこと。YS―11は当初、方向舵や補助翼をパイロットが操作する時、規定されているよりも相当な力を入れないと動かせなかった。さらには昇降舵の利きも悪かった。

日航製は当初、こうした問題を重要視していなかったのか、小規模の手直しにとどめて試験を続けていた。だが、これが後に重大な事態を引き起こす。

開発が佳境に入った1963年3月、日米相互の航空当局の相互認証協定に基づいて、米連邦航空局（FAA）の担当官が来日。飛行機を飛ばすには、当事国の航空当局による承認が必要なため、実際の機体を確認しに来たのである。FAAは今も昔も世界の航空政策の動向に強い影響力を持ち、日本を含む各国の航空当局はFAAの規定を準用することが多い。

FAAの担当官は実際に操縦桿《そうじゅうかん》を握り、飛行試験を実施した。そして、三舵問題のそれぞれについて、昇降舵が利きにくい、補助翼が重いなどと、見事なまでに指摘したのである。前間孝則著「YS―11　国産旅客機を創った男たち」によれば、FAAの担当官はこう告げたという。「YS11はマージナル（改善が必要）だ」。

FAAから実質的に〝ノー〟を突きつけられたことで、日航製は初飛行から半年以上を経て、ようやく本格的な改修に着手した。この事態を引き起こした要因には、日本の運輸省（当時）航空局の実力不足もあっただろう。YS―11の開発当事国でありながら、操縦性という重要な問題点を見抜けなかった。

その年の暮れ、日航製は結局、機体の納入延期を発表。マスコミは「飛ばないYS―11」、「時代遅れの航空機」といった批判一色になった。解決策を見出せないまま時間ばかりが過ぎていく。日航製の現場はピリピリしていたはずだ。

東京五輪で聖火輸送

日航製は「三舵問題」が明るみになったことを受け、初飛行後に三菱重工に戻っていた東條輝雄を呼び戻し、YS―11の開発にあたらせた。当時の額で数億円の予算を使って機体を改修し、1964年春から飛行試験を再開した。その後は大規模改修が功を奏し、FAAのパイロットからも「良い飛行機だ」とのお墨付きをもらった。同年8月25日、日航製は運輸大臣から、YS―11に関して待望の型式証明書を交付された。日本が戦後初めて、欧米と並ぶ「航空機生産国」の仲間入りを果たした瞬間だった。

この年の10月、東京では、くしくも「東京五輪」が開催される運びとなっていた。無事に型式証明を取得したYS―11は、「聖火号」として、五輪の聖火を空輸する役割を担い、一般国民の間にも国産旅客機が広く浸透するきっかけになった。

YS―11、世界に羽ばたく

そもそも、YS―11が開発された理由のひとつには、「航空機の輸出による外貨獲得」という政府の狙いがあった。日航製は1964年にYS―11の型式証明を取得し、海外向けを含めた本格的な販売攻勢に打って出る。そのひとつが「デモ飛行」だ。顧客に極東・日本にまでわざわざ出向いてもらうのではなく、海外航空会社のお膝元をYS―11が自ら訪ね、幹部を乗せて飛ばす。これ以上のパフォーマンスはなかった。

YS―11にとって、最初のデモ飛行の舞台となったのは米国。1966年9月、現地で開かれる航空会社の会合日程に合わせ、YS―11は米国に飛ぶことになった。

出発の日、羽田空港で行われた壮行式には当時の佐藤栄作首相から「鵬翼《ほうよく》万里」の色紙が届き、三木武夫通産相から「国産旅客機が歴史上初めて太平洋を渡る壮挙に当たり、その航路の安全とアメリカでの成功を祈る」との声明が寄せられたという。当時は国産旅客機が米国に飛ぶということ自体が大きなニュースであった。

YS―11はハワイのホノルルなどを経由し、9月18日にサンフランシスコに到着した。すると、同じ西海岸のシアトルに本拠地を置く世界最大の民間機メーカー、ボーイングの技術者が、YS―11の〝視察〟にやってきた。日本製の旅客機の実力を探りにきたのである。この日の描写は、前間孝則著「YS—11　国産旅客機を創った男たち」に詳しいので、引用させていただきたい。

「メンバーはパイロット、整備員、工作関係の技術者であることから、明らかに日本の飛行機の品定めであった。〔中略〕彼らは『ジャップの飛行機なんか』との思いで見ていたのであろう。それだけに、ひどく感心して『コンプリート（完全）だ。安定性も、バランスもいい。こんな飛行機は見たことがない』と評価した。

デモフライトを終え、機外に出て、地上に降りてくると、今度は乗っていた構造関係の技術者が機体の外観を見まわしていたが、ことさら、リベットの打ち具合に興味を示している様子だった。〔中略〕隙間のないことを確認したボーイング社の担当者は『ワークマンシップ・イズ・ベーリーグッド。終戦から一〇年そこそこなのに、こんなにいい飛行機ができるのか』と感心した後、両者で名刺交換となった」。

航空会社向けのデモ飛行が渡米の本来目的ではあったものの、YS—11の製造技術は、航空機の王者たるボーイングの技術者にも認められた格好となった。

デモ飛行に話を戻す。YS—11は25日から始まった航空会社の会合に合わせ、複数回のデモ飛行を実施。会合が終わった後も、ビジネス機のショーが開かれていたセントルイスや、南米向けのセールスの拠点として重要となるマイアミ、首都ワシントンなど全米各地に赴き、航空会社の幹部らを乗せて空を舞った。

技術者が多数集まる航空ショーでは、機体の性能をアピールするため、離陸後に急旋回するなど曲芸飛行に近いこともやった。約1カ月間のデモ飛行で飛行距離は約7000キロメートル、飛行時間は約66時間にもなった。

しかし、米国でのデモ飛行は各地で「素晴らしい飛行機だ」との評判は得たものの多くの顧客からはすぐに受注は得られなかった。例外だったのが南米ペルーのランサ航空で、デモ飛行中から強い興味を示していた。

ランサ航空向けの話はトントン拍子で進み、1966年12月には社長が来日。3機をリース発注する仮契約がまとまった。翌67年4月には初号機が引き渡されることになった。

ランサ航空向けの機体引き渡しに合わせ、日航製はYS―11のアンデス山脈など高々度での離着陸試験と、他の中南米系エアライン向けのデモ飛行を並行して行うことにした。ランサ航空向けYS―11は67年1月に日本を出発し、米国経由でジャマイカ、パナマ、コロンビア、エクアドル、チリ、アルゼンチン、ブラジルとデモ飛行を重ねていった。

4月上旬にはアンデス地方の「アレキパ」で離着陸試験を実施した後、ランサ航空に機体を引き渡し、5月25日に定期航路に就航した。

この時のデモ飛行は効果てきめんだった。既に交渉入りしていたブラジルの航空会社「クルゼイロ・ド・スル」との契約がまとまったほか、同じくブラジルの航空会社「VASPブラジル」も発注した。このVASPはYSを「SAMURAI」と命名。垂直尾翼にその文字を印字し、日本の飛行機であることを強調した。

その後、日航製はさまざまな機会を利用し、計10回のデモ飛行で60カ国近くを訪問した。主なものでは、東南アジア、中近東を経て欧州に向かうルートや、アフリカ11カ国を巡るルートなどがあった。

1968年から69年にかけて、YS—11は「最盛期」とも言うべき華やかな時期を迎える。68年秋には、世界2大航空ショーのひとつである、英国の「ファンボロー航空ショー」で、展示飛行を実施することになった。

ちなみに2大航空ショーのもう一方はフランスで開かれる「パリ航空ショー」だ。それぞれ、偶数年にファンボロー、奇数年にパリの航空ショーが開催され、世界中の航空会社や航空機メーカーが一堂に会する機会となっている。

両ショーは、航空機が曲芸飛行を披露する単なるショーではなく、「新型機の開発」や「100機発注」といった大型の発表が相次ぐビジネス商談会。例年、航空機業界が1年で最も盛り上がる期間となっている。

特に航空機メーカーにとっては、両ショーでいかにビッグな話題を振りまくかという点が、その年のメディアからの注目を左右することにもなる。世界の航空産業が最も大きく動くファンボロー航空ショーに、YS―11はこの年出展したのである。

当時、ファンボローで飛行できるのは、英連邦に属する国々の飛行機のみという暗黙の了解があったという。YS―11は英連邦諸国ではなく、日本の飛行機であるが、幸い英ロールス・ロイス製のエンジンを積んでいたので展示可能となった。

YS―11の〝失速〟

世界の空を駆けたYS―11。しかし、その裏では、顧客へのサポート費用を当初想定していなかったことや、生産のコストダウンが進まなかったことなどが災いし、累積赤字が深刻化していった。YS―11が「失速」し、生産終了に追い込まれた最大の理由はここにある。

何しろ初めての本格的な国産旅客機である。日航製は機体の開発中や飛行試験中、目の前のことで手一杯で、納入後の体制を考える余裕がなかった。このため、「プロダクトサポート」体制の構築が後回しになってしまった。

プロダクトサポートとは、航空機メーカーが顧客向けに用意する支援体制のことだ。最近では「カスタマーサポート」と言われている。航空機メーカーには、例えばパイロットや整備員といった顧客の従業員を教育する専門施設や、なるべく顧客に近い場所での交換部品の倉庫などがインフラとして備わっている必要がある。

しかし、日航製は「良い航空機を作り、売る」ことまでしか想定していなかったため、納入直前になって急きょ体制を整備しなくてはいけなかった。「プロダクトサポートを担当するサービス部が日航製内に設けられたのは量産機引き渡しの六ヵ月前になってからのこと」（前間孝則「YS—11　国産旅客機を創った男たち」）である。

YS—11のプロダクトサポートに関しては、川崎重工業から日航製にプロダクトサポート担当者として出向した経験を持つ鶴田国昭氏の「『サムライ』、米国大企業を立て直す!!」にも詳しい。ちなみに鶴田氏は、後に米コンチネンタル航空（現ユナイテッド航空）の上級副社長まで上り詰めた人物である。

YS—11のプロダクトサポートでフィリピンに駐在した鶴田氏は、同書の中で「日本では誕生したばかりのYS—11にさまざまなトラブルが続出していたことも知っていたから、1日のフライトを終えてYS—11が無事マニラ航空に戻って来ると、ほっと胸をなで下ろしたものだった」と述懐《じゅっかい》している。

日航製は、航空機の販売という面でも不慣れな面を露呈させた。まずは、顧客からの代金回収に手間取ったことである。前出のペルー・ランサ航空は、1967年にYS―11を受領したところまでは良かったのだが、決して財務基盤が強固とは言えず、早々に機体代金の延べ払いが途絶え始めた。それどころか、アンデス山脈など「高地での性能に不備がある」として日航製を訴え、日航製は75年までの5年間、法廷闘争に引きずり込まれてしまった。

結局、ランサ航空向けのYS―11は日航製が引き取ることになったのだが、コストばかりかかって実入りはなしという、非常に苦い経験となってしまった。日航製は機体を1機でも多く売りたいがため、顧客の与信管理がおろそかになっていた。

一方の先進国向け販売でも、問題は頻出した。特に米国の航空会社には売り込むメーカーも多いため、航空会社は「さまざまな選択肢の中からYS―11を選ぶ」という立場にあり、無理難題がたくさん降ってきた。

その意味では、米ピードモント航空向けの売り込み交渉も非常にタフなものだった。ピードモント航空は当時、米国の地域航空会社としては1、2を争う有力企業。日航製は完全に足元を見られ、「床下の荷物室を拡大してほしい」、「電子機器類を最新のものに入れ替えてほしい」、「機内のエアコンの容量を増やして」、「客席は欧米製のものに交換して」といった要求を、まだ発注もしていない段階から次々と出してきた。

仕様変更には時間もコストもかかったが、日航製はピードモント向けに特別仕様の機体を完成。YS―11の基本形である「YS―11―100」に続く、「YS―11A―200」として型式証明を取得した。これらの機体は1968年に引き渡された。

こうして米国本土の空で舞うことになったYS―11だが、ピードモントは当初、YS―11を「ロールス・ロイス・プロップ・ジェット（ロールス・ロイス社のプロペラ機という意味）」として運航したのだという。日本製の飛行機であるにもかかわらず、英国のエンジンを積んでいることを前面に押し出して運航したのである。YS―11が欧米製の飛行機と変わらぬ信頼性を得るようになってからは堂々と「YS―11」と表記して飛ばしたようだが、このことは日本製品への信頼が低かった事を示していた。

YS―11を販売する上で最も大きな問題となったのは、日航製が「長期の延べ払い」や「中古機の下取り」といった、複雑な販売手法について行けなかったことだ。1966年8月、通産大臣の諮問機関である航空機工業審議会は、「国産中型輸送機の量産事業推進の為の施策について」と題し、YS―11の量産を推進する施策を大臣に答申した。

それによると、YS―11は開発当初からの累積赤字が量産開始後も拡大を続け、70年3月末で80億円、71年3月末で145億円の赤字になるとの予測が出された。これを受けて政府は翌67年7月、航空機工業振興法を改正。試作完了後も、政府として日航製に出資できるようにした。

もともと、日航製は工場を持たない「ファブレス」メーカーであり、YS―11の製造は三菱重工業や川崎重工業など各機体メーカーが分担していた。本来、生産のコストダウンはメーカーにとって永遠の課題とも言えるものだが、量産移行後も国が直接出資できるようになったことで、各メーカーにコストダウンの意欲が働かなくなった面は否めない。コストダウンがなされないまま、量産は続き、赤字が拡大していった。

1970年には、YS―11を巡るもう一方の問題が表面化する。海外でYS―11の販売代理店を務めていた米シャーロット・エアクラフトへの日航製からの支払いが問題化したのだ。シャーロットは、下取り機を高く買い取ることで実質的にYS―11を値引きしており、これが国会で問題視された。下取り自体は、自動車の買い換えなどでも当たり前の商業習慣と言っていい。

しかし、日航製の場合は国から直接的な資金援助を受ける特殊法人なだけに問題化した。70年12月の国会で野党側に追及され、次第に、YS―11を、そして旅客機事業を、国が支援することの意義は何か、という話に発展した。

政府は日航製批判の高まりを受け、航空機工業審議会に「経営改善専門委員会」を発足。1971年に改善策の最終案を答申させた。その答申が、実質的にYS—11プロジェクトの終わりを決定付けるものとなった。答申の主な内容は次の通りだった。

- YS—11は、製造認可済みの180機をもって製造を打ち切る
- 1972年度末で一切の累積赤字を解消する
- 日航製は、1973年度以降、売却済み機体の売掛金回収と、補修部品の供給などに専念する

赤字拡大の批判に耐えかね、政府が白旗を揚げた格好だった。国を挙げて挑んだ旅客機事業は、量産機の納入開始から約7年後、あっさりと中止が決まった。

航空機は初期段階で多額の投資が必要で、その投資回収には何十年もかかるビジネスである。その分、付加価値は高く、一度参入してしまえば細く長く続けられるビジネスでもある。

なぜYS—11の結末は、失敗に終わったのか。筆者なりにまとめると、二つの大きな要因があると考えられる。まずは、新規参入者ならではの「産みの苦しみ」と呼ばれる出費に、耐えられなかった点。もう一つは、日航製が官民の寄り合い所帯だったがゆえの、ずさんな経営だ。

ところで、1973年の生産停止から40年たった今でも、YS—11は国内外の空を飛ん

でいる。２０１４年12月には、国土交通省が所有機を競売にかけたことも話題になった。現在は、ＹＳ―11の保守業務は三菱重工業が引き継いでおり、世界で20機弱のＹＳ―11が運用中とみられる。

ＹＳ―11後にも「国産機プロジェクト」はあった

その後、日本は再び国産機への夢を持ちつつ、結局は欧米企業が開発する製品に部材メーカーとして参加する「国際共同開発」の路線に転じた。しかし、２０００年代にＭＲＪプロジェクトが出てくるまでの間、国産旅客機の計画がなかったわけではない。中には、「ＹＸ」と呼ばれる２００席クラスの中型旅客機や、「ＹＸＸ」と言われる１００席クラスの小型機も計画された時期があった。

しかし、いずれも米国などとの外交交渉の結果、計画はとん挫。ＹＸ計画は米ボーイングの中型旅客機「７６７」への参画に、ＹＸＸ計画は同じくボーイングの小型機「７Ｊ７」計画（のちに計画凍結）に収束した経緯がある。

ＹＳ―11後も国産機への夢を持ち続けながら、形にすることはなく、欧米メーカーとの協業、下請けにとどまる。それが日本の航空機産業の偽らざる姿であると感じる。そうした状況を打破しようと誕生したのが、ＭＲＪだ。

第五章

競争激化する世界の空と、MRJのライバル

世界の航空宇宙は25兆円産業、でも日本勢のシェアは5％

世界の航空宇宙産業を俯瞰《ふかん》すると、その市場規模は、世界で約25兆円と言われている。これはメーカーの生産額を合算したもので、航空会社の運送事業が別途60兆円ほどあり、これを含めると「航空市場」全体では約85兆円の規模がある。もっとも、グローバルで市場規模150兆円とされる自動車と比べると、航空機産業は小さい。

主要国別の生産額をみると、業界の雄であるボーイングや世界最大級の軍需会社ロッキード・マーチンを擁する米国が約16兆円と突出。次いでエアバスの本社や工場がある欧州各国が並ぶ。

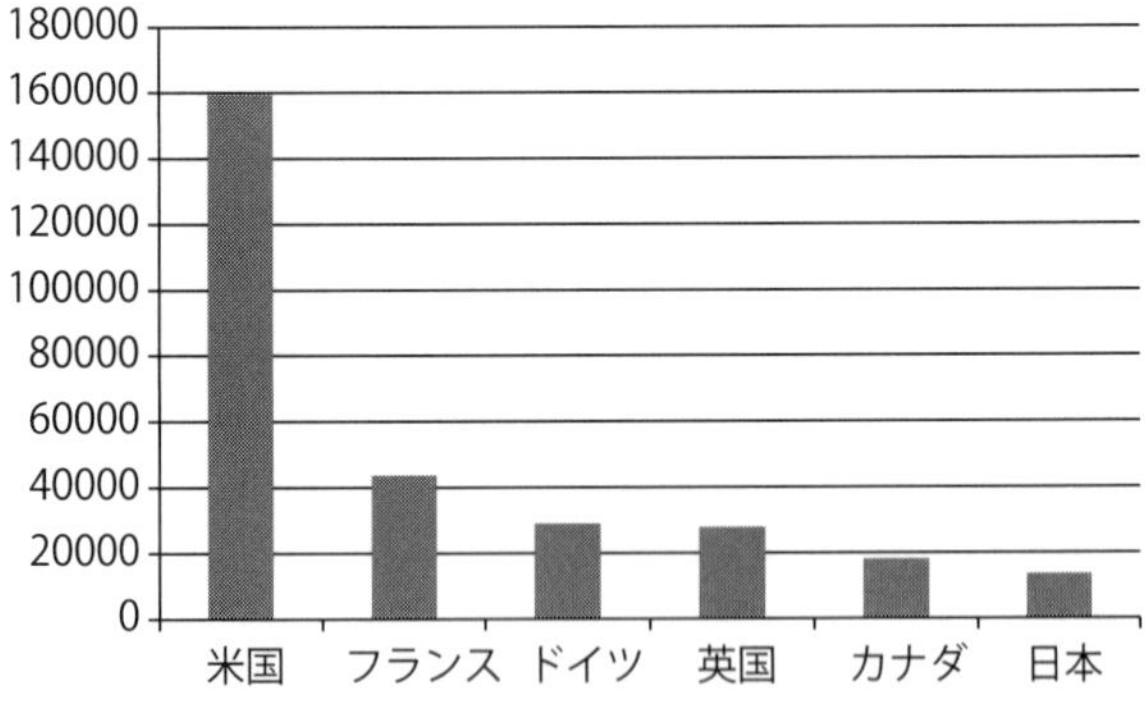

※日本航空宇宙工業会「航空宇宙産業データベース」をもとに作成。
データは2012年時点（日本のみ12年度）。単位億円。
為替レートは1ドル79.8円で計算

世界の航空宇宙産業

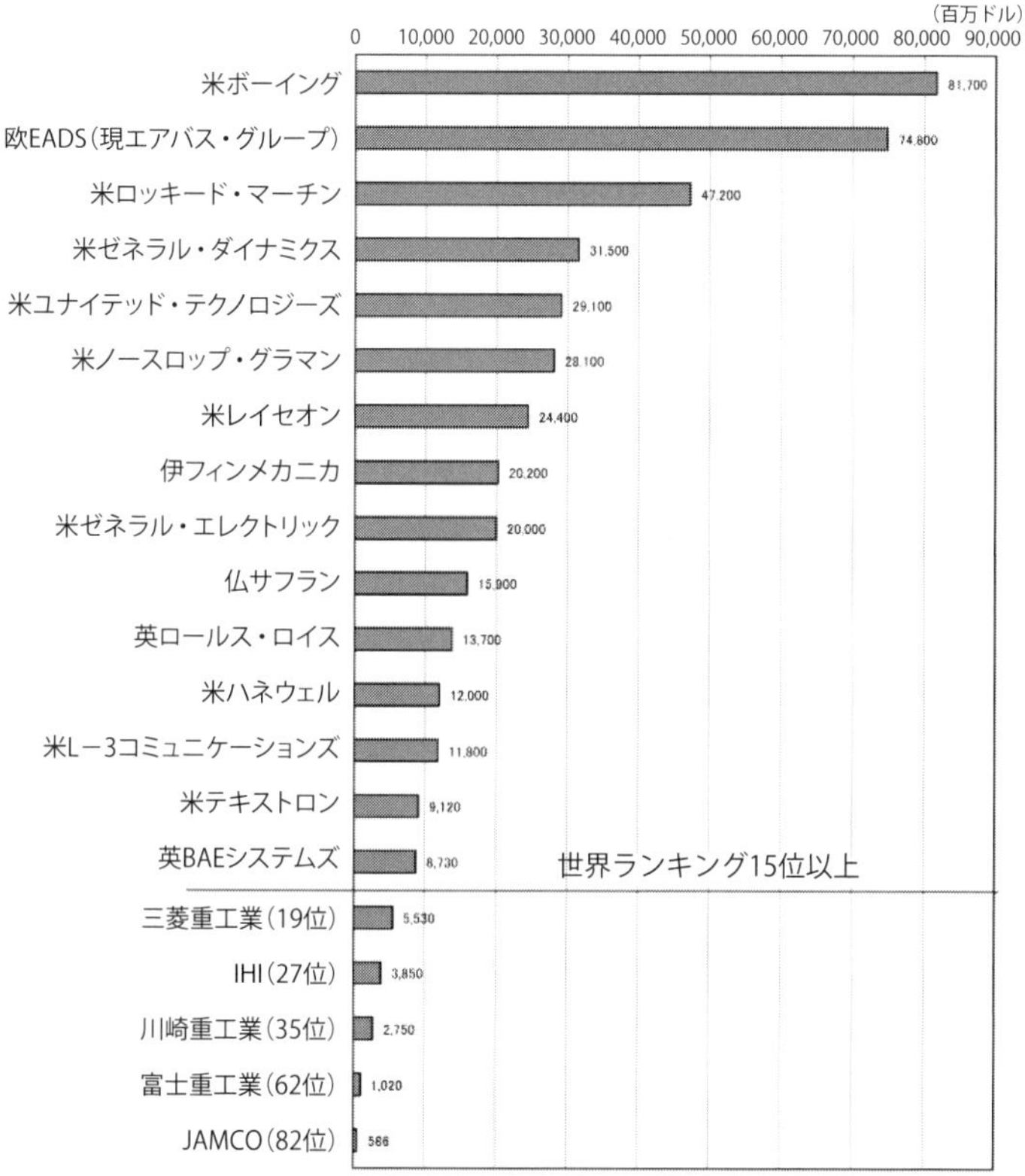

※日本航空機開発協会調べ

企業別の航空宇宙部門売上高

これに対して、日本は約1・4兆円であり、世界シェアはわずか5％。国内総生産（GDP）に占める比率は0・3％程度であり、同1―2％である欧米諸国と比べて低い水準にある。

「自動車や家電産業で世界を席巻してきた日本が、なぜ航空宇宙では存在感が小さいのか？」と、聞かれることがある。その答えは、自動車産業では「トヨタ」や「ホンダ」といったグローバルプレーヤーが育っているのに対して、航空宇宙では旅客機という完成品に参入しておらず、欧米企業の下請けと国内の防衛需要に頼る構造のためだ、と筆者は考えている。

東京大学大学院の鈴木真二教授（航空宇宙工学）はこう話す。「日本企業は品質や納期の面で海外企業から高い評価を受けており、開発・製造のパートナーとして確固たる地位を築いている。しかし、ドイツやフランスが相互に最終組み立て工場を持つなどしているのに対し、日本と米国（ボーイング）は、そういった関係にない」。

成長確実な航空機産業

ただ、航空宇宙産業は「GDPの伸びに比例して拡大していく」とされ、今後20年の

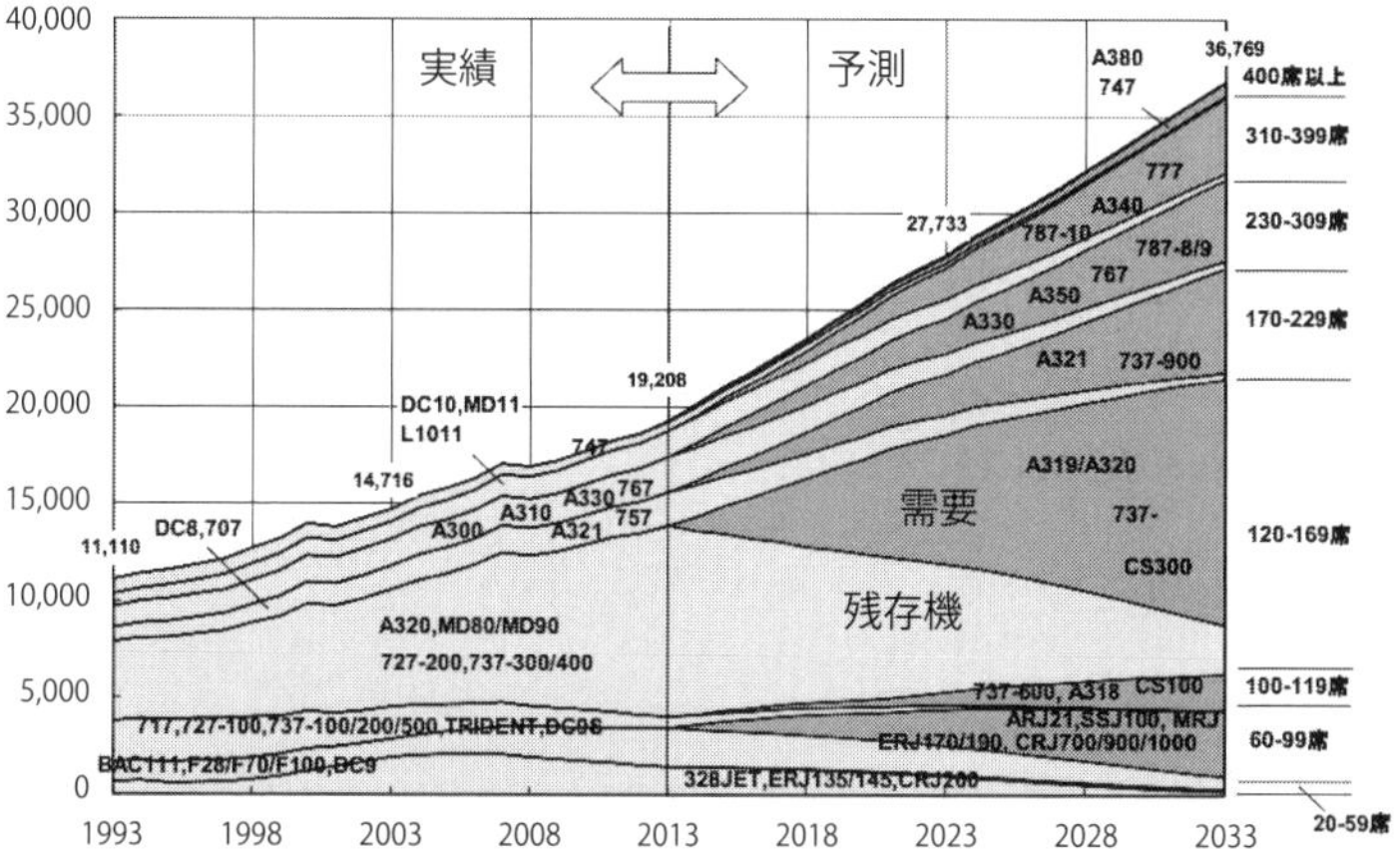

※出典：日本航空機開発協会「民間航空機に関する市場予測2014－2033」から抜粋

日本航空機開発協会の需要予測

間、年平均５％程度のスピードで安定的に成長することが確実視されている。

日本航空機開発協会が年に一度発表している需要予測によれば、世界中で運航されるジェット旅客機の数は２０１３年に約１万９０００機だったが、33年には、１・９倍の約３万７０００機に増える見通し。アジアやアフリカ、中南米といった新興国市場が拡大するほか、先進国でも燃費性能に優れる新型機材への置き換えが進むためだ。

業界大手の米ボーイングや欧エアバスなども独自に20年先の市場予測を出しているが、安定成長が見込まれる点では一致している。ちなみに、１９９３年から２０１３年まで20年間の実績をみても、運航機数は安定的に増えてきた。01年の米同時多発テロや08年のリーマン・ショックといった出来事で一時的に落ち込むことはあったが、運航機数はこの20年間で7割増。今後も、運航機数の増加に伴って航空機産業も拡大しそうだ。

航空機ビジネスの〝うまみ〟

では、三菱航空機が参入しようとしている「リージョナルジェット」とは、どんな市場なのか。同社は今後20年で、約５０００機の新規需要があると予測す

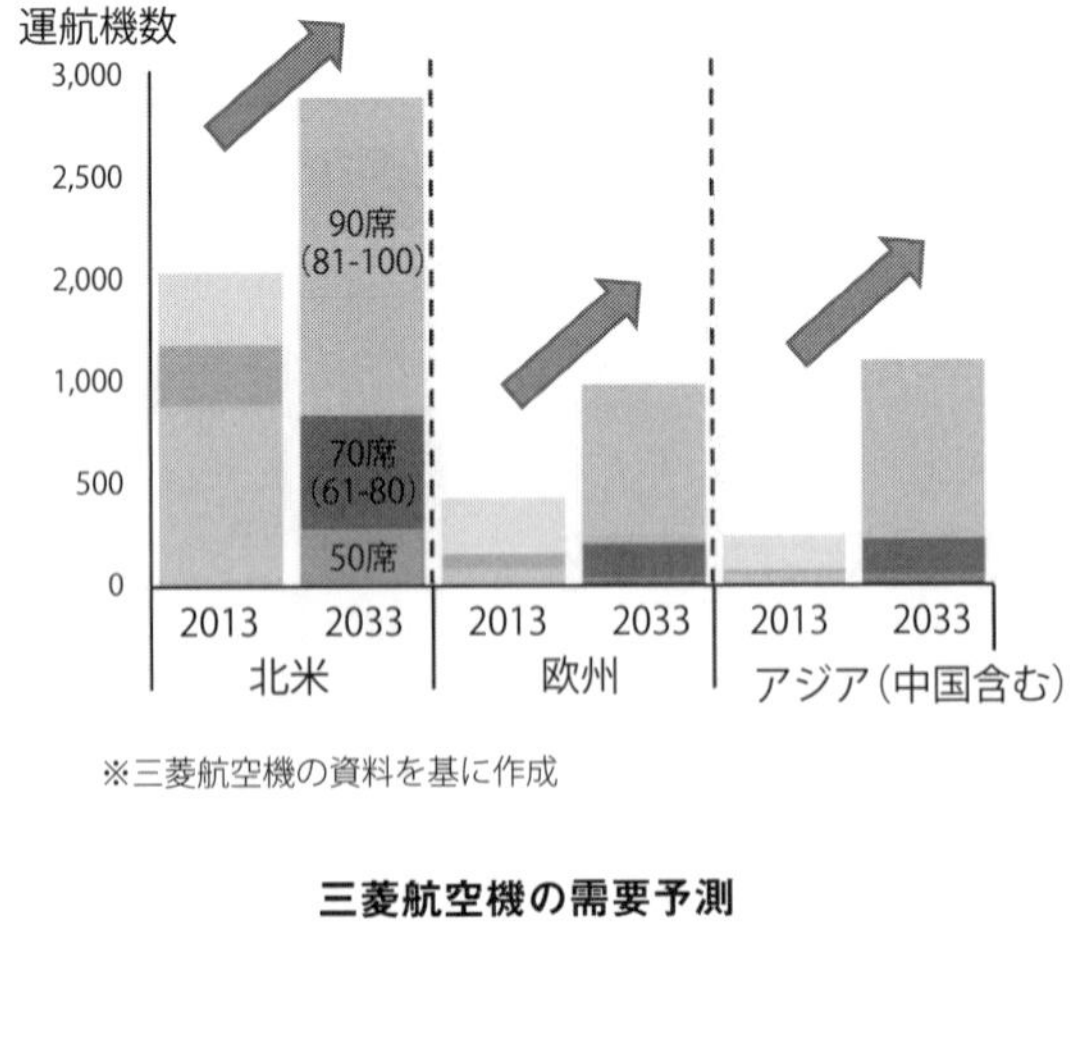

三菱航空機の需要予測

る。このうち、ＭＲＪの受注目標は１０００機。川井昭陽社長はさらに「将来的には世界市場の半分のシェアを取りたい」と意気込んでいる。

ＭＲＪの定価は約４２００万米ドル（約48億３０００万円、１ドル＝１１５円換算）なので、仮に三菱航空機が目標通り１０００機受注できれば、今後20年のうちに４兆８３００億円分の受注を確保できる計算になる。

実際には、航空機は「まとめ買い」によって定価から割り引いて販売されることが多いため、受注金額はもっと少なくなる。それでも、いったん注文を取ることができれば、長期にわたって受注金額を確保できるのが、航空機ビジネスの〝おいしい〟ところだ。

例えば、日本航空（ＪＡＬ）は２０１４年8月にＭＲＪを32機発注することで基本合意（15年1月に正式契約）したが、実際の商業運航に投入するのは21年。6年以上の〝納期待ち〟となる。08年にＭＲＪを世界で初めて発注した全日本空輸（ＡＮＡ）に至っては、開発の遅れもあって、現在は17年4―6月に初号機を受け取る予定。実に9年以上も、ＭＲＪの登場を待ってくれているのである。

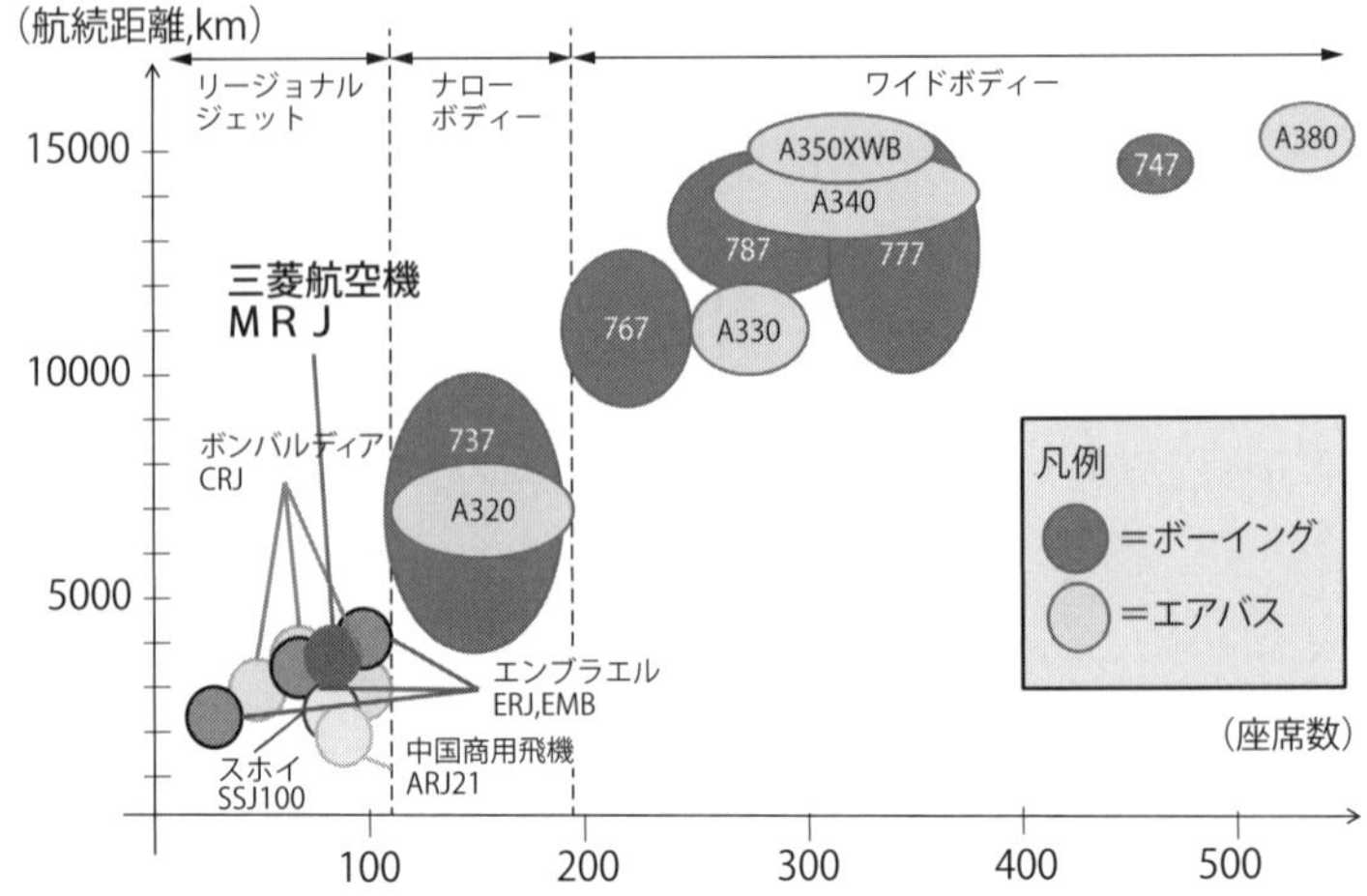

※各社の資料やホームページを参考に筆者まとめ。席数や航続距離は代表的な数値

世界の主なジェット旅客機一覧

世界の旅客機市場

上に示した図を見ていただきたい。世界のメーカーが市場に投入している民間機（開発中を含む）の一覧だ。これを見ると、座席数でみてだいたい150席から上のクラスは、米ボーイングと欧エアバスの2社しか手がけていないことが分かる。2社しか「残っていない」と言う方が適切かもしれない。エアバスはフランスやドイツ、英国などにあった航空機メーカーが合併してできた会社。またボーイングも、かつて存在した航空機メーカーの米マクドネル・ダグラスなどを買収してきた歴史があるためだ。

機体の分類に定まった呼び方はないが、現在の航空機市場ではエアバスのA320やボーイングの737クラスの機体を「ナローボディー」（狭胴機）と呼ぶことが多い。客室内に1本の通路を備え、座席は左右3列ずつが基本となる。各国で国内線や短距離国際線の主役となっており、数だけでみれば最も市場が大きい。通路の数から「シングルアイル」とも言われる。

これに対し、A350や787といった機体は「ワイドボディー」（広胴機）に分類される。航続距離が長いため、主に中距離以上の国際線に使われる。客室通路が2本あるため、「ツインアイル」とも称される。

MRJは米欧2強の機体より一回り小さい「リージョナルジェット」（regional＝地域の）に分類される。文字通り、地方路線に使われる機体だ。座席は通路を挟み左右2列ずつが基本的な配列となる。大きな機体はエアバスやボーイングの力が強いので、航空機業界への新規参入を目指すメーカーは、小さな機体から開発を始めて、徐々に大型化していく流れが一般的になっている。

リージョナルジェット市場は、ほかの旅客機市場と比べてもメーカーが多く、競争が激しい分野だ。エアバス、ボーイングといった巨大企業はないものの、既にカナダのボンバルディアやブラジルのエンブラエルが市場のほとんどを握る。この2社に加えて、三菱航空機と中国商用飛機（ＣＯＭＡＣ）、ロシアのスホイが〝新参者〟として参入、主導権争いを展開している構図だ。

ただし、中国とロシアは、それぞれの国内や旧ソ連圏の航空会社向けを中心に機体を販売しているので、ＭＲＪのライバルは実質的にボンバルディアとエンブラエルの2社ということになる。

ところで、なぜボンバルディアとエンブラエルは民間機市場に参入できたのか。両社ともに参入段階では「国営の航空機会社の民営化」というプロセスをたどっている。ＭＲＪと比較する意味でも、中国やロシアのメーカーも含め詳しくみていく。

ボンバルディア

カナダ・ボンバルディアは「鉄道車両と航空機を作る世界で唯一のメーカー」を宣伝文句とする会社。リージョナルジェットやターボプロップ機、さらには、航空会社ではなく個人や法人が所有する「ビジネスジェット」も手がけている。

直近の連結売上高（２０１4年12月期）は、約２０１億米ドル（約2兆３０００億円、1ドル＝１１5円換算）。このうち約半分の1兆２０００億円程度が航空宇宙部門で占められる。ボーイング、エアバスに続く世界第3位の航空機メーカーだ。

1942年にスノーモービル（雪上車）のメーカーとして設立され、その後鉄道車両の分野にも進出した。86年、当時国営だった航空機メーカーの「カナディア」を買収し、航空機事業に参入。さらに90年にはビジネスジェットを手がける「リアジェット」を傘下に収めた。92年には、かつて政府に国有化され、その後米ボーイングの傘下に入っていた老舗の航空機メーカー、「デ・ハビランド・カナダ（DHC）」も買収した。

買収に次ぐ買収で航空機事業に参入したボンバルディアは、さっそく80年代から政府内で開発が議論されていた50席クラスのリージョナルジェット「CRJ」を商用化。92年に市場に投入した。ジェット機は、ターボプロップ機よりも燃費が悪く、当時の地方路線ではYS—11などのターボプロップ機が主流。しかしボンバルディアは、米国での規制緩和などで航空市場が拡大し、より長距離の地方路線にも需要が出てきたとみて、いち早くジェット機を投入したのだった。

これが市場で大いに受けた。初期型である50席タイプ「CRJ100」とそのエンジンを改良した「CRJ200」の2機種で、世界に1000機以上を販売した。さらに2000年代に入ってからは、派生機として70席タイプや90席タイプ、100席タイプを次々と市場に投入。CRJシリーズ全体で累計1800機（2014年10月末現在）以上を受注し、既に1700機以上を納入している。

ちなみにボンバルディアは、リージョナルジェット以外に、現在でもターボプロップ機「DHC―8」（通称、ダッシュ8）の生産・販売を続けている。92年に買収したDHCから引き継いだ機種で、これまでに累計1100機以上を納入。日本でもJAL系の地域航空会社・日本エアコミューターなどが運航しているので、「ボンバルディアと言えば地方を飛ぶプロペラ機」というイメージが強いかもしれない。

筆者は2014年3月にボンバルディアの工場を取材する機会があった。ボンバルディアはカナダのケベック州モントリオールとオンタリオ州トロントに主力工場を構えており、その時に訪れたのは、トロントにある工場である。

トロント工場では、広さ約170万平方フィート（約52万平方メートル）の建物内に4000人の従業員が働いている。ターボプロップ機「ダッシュ8」とビジネスジェット「グローバル」シリーズの最終組立ラインがあるほか、ビジネスジェット「リアジェット」の主翼も組み立てる。

工場内は、製造ラインごとに「ベイ1」（ベイは「入り江」の意）から「ベイ12」まで仕切られていて、それぞれの主翼と胴体をつないだり、そこにエンジンを付けたりしていた。訪問当時、同工場ではビジネスジェット「グローバル」の増産計画を進めていた。

ボンバルディアの工場で製造されるビジネスジェット（2014年3月）

ボンバルディアの担当者によれば、「航空宇宙分野はオンタリオ州としても戦略的に伸ばす6分野のひとつに選ばれている。それも、かなり優先順位の高い分野と認識されている」ということだった。航空機に力を入れているのは、日本だけではない。

ただ、そのボンバルディアも、新型機の開発という点では苦戦している。同社は2008年、CRJシリーズとは別の新型機として、主翼など機体構造を一新した110－150席クラスの「Cシリーズ」を開発すると発表した。CRJでリージョナルジェットの世界をひと通り経験したため、次なる策として、一回り大きい機種の開発に乗り出すことにしたのだ。ちなみに開発は、トロントではなくモントリオールの主力工場で進めている。

航空機業界では、新型機の開発は、既存の機体を一部改装する「派生機」とは異なり、基本的に設計を一からやり直す。市場のニーズに合わせて機体のサイズや航続距離などを設定する一方、技術の進歩をみながら機体の構造や内装を一新し、航空会社にとって魅力的な飛行機としなければならない。このため、新型機の開発はメーカーにとって相当な労力を必要とし、場合によっては会社がつぶれかねない。「新機種の開発に失敗して経営危機に陥った」という話は、業界ではよくある話。胴体を伸ばしたり、エンジンを最新型に置き換えるだけですむ派生機開発とは、別次元の話となる。ボンバルディアの決断も相当なものだったはずだ。

Cシリーズは、このクラスの機体にしては珍しく、主翼材料に炭素繊維を樹脂で固めた強化プラスチック「CFRP」を用いているのが特徴だ。CFRPは前述のとおり重さは鉄の4分の1、強さは10倍という特徴を持ち、従来のアルミニウムと比べ、機体を大幅に軽量化できる。このため、ボーイングの「787」やエアバスの「A350」といった大型の最新機種では機体重量の約半分にCFRPが使われている。

しかし、CFRPはその特性上、小型機には使いにくいという事情もある。それは、例えばドアや主翼内部といった複雑な構造を持つ部分に用いる場合、炭素繊維に「しわ」ができないよう、補強材を使う必要があるためだ。補強材を用いると機体は重たくなり、燃

ボンバルディアが開発中のCシリーズ（同社のプレスリリースから）

費性能が落ちる上にコストもかかる。

　大型機はこれを考慮しても、金属製にするより軽量化できる。ただ、小型機の場合は、その小ささゆえ、ドアや主翼など複雑な部品が全体に占める割合が高く、CFRP化のメリットは相対的に低くなる。

　MRJも、当初はCFRP製にする計画だったが事業化後に金属製に変更した。また、Cシリーズと同クラスの米ボーイング「737」や欧エアバス「A320」でも、主翼は金属製だ。

　ボンバルディアはそれでも、CFRP製主翼を選択した。チャレンジングな設計にすることで、ボーイング・エアバスの2強に食い込もうとしたのだ。

CシリーズはこのほかMRJも採用する米プラット・アンド・ホイットニー製の最新鋭エンジン「GTF」や、従来の油圧ではなく電気信号で操縦制御する「フライ・バイ・ワイヤ」方式を採用することなどが特徴だ。同社は、「同サイズのナローボディー機と比べて燃費は20％向上する」としている。

しかし、開発は難航している。当初は2013年中の納入開始を目指したが、遅れを繰り返し、現在は15年第2四半期（4─6月）の納入開始を予定。試作機による試験飛行を続けている。また150席クラスともなると、ボーイングやエアバスの〝牙城〟とも重なるため、15年2月時点の確定受注は240機程度（「オプション」と呼ばれる仮受注を含めると500機超）にとどまっている。

エンブラエル

一方、現在絶好調とも言えるのが、ブラジルのエンブラエルだ。こちらは民間機、軍用機のほぼ専業メーカーで、2013年12月期売上高が62億3500億米ドル（約7170億円、1ドル115円換算）。世界4位の航空機メーカーだ。

フジドリームエアラインズが運航するエンブラエルのリージョナルジェット

１９６９年、ブラジル政府が89％出資する国営の航空機メーカーとして設立された。日本でいえば東京五輪の５年後の年であり、初の国産旅客機であるターボプロップ機「ＹＳ―11」が世界に羽ばたいていたころだ。

ブラジルはエンブラエルに軍出身の技術者たちを集めて、60年代半ばから計画されていた約20人乗りのターボプロップ機「ＥＭＢ―１１０」の開発を始めた。同機は72年に初飛行し、73年には市場投入に成功。ブラジル最大の航空会社であるＴＡＭ航空の地方路線のほか、日本でも広島と松山、大分を結ぶ「西瀬戸エアリンク」などに使われた。90年の製造終了までに、約

500機を生産した。

20人乗りの航空機で成功を収めたエンブラエルは、80年代に入ると30人乗りのターボプロップ機「EMB―120」を投入。これが米国のデルタ航空など大手航空会社に受け入れられ、受注をさらに伸ばした。

ここまでは順調に推移していたブラジルの航空機事業だったが、さらに続くターボプロップ機として90年に開発した「CBA―123」で、〝大失態〟を演じる。同機はブラジルとアルゼンチンの国際協力の象徴として、両国の航空機メーカーが共同で開発した機体だ。機種名に従来のエンブラエル機が用いる「EMB」でなく、「CBA」を使ったのもブラジル、アルゼンチンの協力(cooperation)を示す意図があった。

CBAの座席数は19席で、EMB―110の後継機的な位置付け。開発や製造はブラジル側(エンブラエル)が3分の2、アルゼンチン側(国営軍用機メーカーのFMA)が3分の1を分担した。米ガレット(現・米ハネウェル)製の新開発エンジンを搭載して高速化し、電子機器も一新するなど、性能の高さが自慢だった。開発総額は、当時の価格で3億米ドルに上ったという。

しかし、国営企業同士の共同開発ゆえに、コスト意識が働きにくかったのだろう。1機あたり500万米ドルという価格が市場にまったく受け入れられず、1機たりとも売れることはなかった。結局、3機目の試作機を作っている途中にプロジェクトは打ち切られ、開発費用はそのまま、両国政府の損失になった。〝寄り合い所帯〟のプロジェクトで高コストが問題となった点は、1973年に製造中止したYS－11に共通する部分でもあるだろう。

CBAの失敗で、苦境に陥ったブラジル政府。しかし、同機種の開発段階で最新の技術を習得できたことは大きかった。北米に目をやれば、ブラジルと同様にターボプロップ機を手がけていたカナダはこの時期、新時代を告げるリージョナルジェットの開発に成功していた。一方、エンブラエルの内部でも、これにならうようにして30－50人乗りのリージョナルジェットを開発するプランが立ち上がっていた。

ブラジルは、エンブラエルを赤字体質から脱却させ、リージョナルジェットで再び市場に返り咲かせることを狙って、同社の民営化に踏み切る。94年、金融機関や年金運用会社などが共同で買収し、民営化に成功。95年には同国初のリージョナルジェット「ERJ145」(50人乗り)の初飛行を果たし、96年から就航を開始した。

ERJは先進国に受け入れられ、まさに飛ぶように売れた。カナダ・ボンバルディアのCRJも同様に好調だったことを考えれば、この時期、一気にリージョナルジェット市場が花開いたと見るべきだろう。エンブラエルはその後、派生型として約35人乗り「ERJ

「E２」のイメージ図（エンブラエルのプレスリリースから）

135」、約40人乗り「ERJ140」も投入。計890機を納入した。

2000年代に入ってからは、ERJに続く新型機シリーズとして、リージョナルジェット「Eジェット」（70－110席クラス）を開発。胴体断面に、雪だるまのような形状をした「ダブル・バブル」と呼ばれる構造を採用し、リージョナルジェットの弱点であった機内の窮屈さを改善した。

同社は05年にEジェットシリーズの納入を開始し、派生機も含めて4機種を展開。これまで1000機以上を納入した。現段階でも好調な受注が続いており、300機近くの受注残があるとみられる。日本国内でも地域航空会社のフジドリームエアラインズ（FDA）やJALグループのジェイエアで運航している。

さらに、2013年のパリ航空ショーで発表したのが、Eジェットのエンジンを最新型に置き換えた「EジェットE2」（通称、E2）。MRJと同型のエンジンを搭載し、MRJから遅れること約1年後の18年に納入開始を計画する。17年4－6月の納入開始を目指すMRJにとり、目下、最大のライバル機種となっている。

14年2月には、シンガポールで開かれた航空ショーで、当時のMRJの受注数（計325機）を抜く計400機目の受注を発表。同航空ショーは筆者も取材しており、記者会見にも出席した。エンブラエル民間機部門のシルバ最高経営責任者がMRJとの競争について「我々にはカスタマーサポートなどの点で強いインフラがある」と自信満々に語ったことが印象に残っている。2015年2月現在、E2シリーズの受注数は、オプション（キャンセル可能な仮注文）を含めて500機弱とみられ、計407機を受注するMRJと、激しく競っている。

中国

中国とロシアの航空機産業についても触れておきたい。まず中国から。中国では

2014年シンガポール航空ショーでの中国商用飛機ブース

2008年、国営の軍用機メーカーやアルミニウムメーカーなどが出資して、民間機メーカーの「中国商用飛機」（COMAC）を設立した。現在、座席数78―90席のリージョナル機「ARJ21」と同156―168席のナローボディー機「C919」の2機種を開発している。

COMACはARJ21について、「14年末までに1号機を引き渡す」としていたが、本稿執筆時点（15年2月）ではまだ納入を始めていない。ただ、中国の航空当局にあたる「中国民用航空局」から、14年12月30日に、納入開始の前提となる「型式証明」を取得。この本が発行される時には、ローンチカスタマーの成都航空に引き渡され、就航しているかもしれない。

A320を製造する天津工場（中国商用飛機のプレスリリースから）

また、Ｃ９１９では15年の初飛行と17年の納入開始を目指している。こちらも遅れを繰り返しているが、ＣＯＭＡＣの背景には潤沢な国家予算があり、資金面での不安は少ない。

ＣＯＭＡＣは、中国国内の航空会社という確実な〝買い手〟があるだけに、販売面でも順調といえる。ＡＲＪ21は14年末時点で２７８機の受注があり、Ｃ９１９も13年には総受注数が４００機に達した。同機は、中国系の航空会社だけでなく、米ゼネラル・エレクトリック（ＧＥ）系のリース会社「ＧＥキャピタル・アビエーション・サービス」も、両機種を発注している。

一方で、中国国外で運航する場合には、当事国の航空当局から安全認証をもらう必要が出てくる。日本を含む世界の航空当局は、米連邦航空局（ＦＡＡ）の適用する規則を準用することが多いため、世界に販売していくにはＦＡＡの認証を得られるかどうかが、今後の課題だろう。

中国製の旅客機は、今のところ世界的な競争力を持つに至っているとは言えないが、侮ることもできない。なぜなら、これまで海外メーカーとの合弁事業を通じ、国内に航空機の製造技術を着々と蓄積してきているためだ。

その最たるものが、欧エアバスの工場だ。08年、エアバスは、中国国営の中国航空工業集団（ＡＶＩＣ）などと合弁で、主力のナローボディー機「Ａ３２０」シリーズの最終組立工場を天津市に新設した。エアバス側には、将来的に世界最大の航空機市場になると予測される中国を開拓したいという意図があり、中国側は国内の雇用拡大と航空関連技術の習得という狙いがあった。

天津のＡ３２０最終組立ラインは、仏トゥールーズと独ハンブルクに続く世界3番目のライン。エアバスにとって、欧州域外では初めての最終組立工場であり、中国との〝蜜月〟ぶりがうかがえる。その後、中国内の航空会社向けに同機を生産し続けており、14年12月には同工場で生産された累計２００機目のエアバス機が、中国東方航空に引き渡された。同工場の従業員のほとんどは中国人である。

さらに特筆すべきは、14年3月、エアバスと中国側が、この合弁事業をさらに10年間延長することで合意したことだ。16年から25年までの10年間を「フェーズ2」と呼び、合弁を継続することにした。この間、A320の派生型機である「A320ネオ」を生産し、さらには「アジアの国々に納入していく」（エアバス）としている。

ひょっとすれば、MRJよりも先に、日本の空を中国製の航空機が飛び回る日が来る可能性もあるのだ。しかも、それはメード・イン・チャイナのエアバスブランドとして、である。

14年2月、シンガポールの航空ショーを取材した際、エアバスのジョン・リーヒー最高執行責任者（COO）は「(COMACが）10年後にエアバスやボーイングの脅威になるか。答えはノーだ。しかし20年後はどうか。おそらく〝イエス〟になる」と話していた。三菱航空機の川井昭陽社長も現地でのインタビューで、「中国がすぐ我々の競争相手になるかどうかは分からない。設計思想も少し古いのではないか。ただし、人口も多いし資金力がある」と注目していた。中国はやはり、MRJにとっても侮れない相手ということになる。

スホイ・スーパージェット100（2014年シンガポール航空ショー）

ロシア

ロシアも、民間機市場に参入している。リージョナルジェットの分野では、軍用機の専業メーカーだったスホイが、90人乗りの「スホイ・スーパージェット（SSJ）100」を開発し、11年に就航させた。ちなみに、ランディング・ギア（降着装置）やエンジン、装備品といった部分については、欧米メーカーが多くを供給している。

SSJ100を巡っては、12年5月、購入を検討していたインドネシアでのデモ飛行中に山中に墜落。インドネシアの当局者やスホイの社員ら約45人が命を落とす事故があった。それでも、現在は海外航空ショーに積極的に参加しており、現在のところ確定受注と仮受注で200−300機ほどあるとみられる。

ロシアではこのほか、イルクートが単通路機「MS−21」を開発中。16年ごろの就航を目指している。座席数は180−210席程度としており、エアバスの「A320ネオ」やボーイングの「737マックス」と重なる分野となる。

スホイもイルクートも、ロシア政府が大半を出資する持ち株会社「統一航空機製造」(UAC)の傘下にあるため、実質的には国営企業である。中国と同様に、ロシアの航空機産業もまた、旧ソ連時代から続く軍用機メーカーの流れを汲んでいる。

飛行機トリビア③　バードストライク克服への果てなき挑戦

航空機の最大の“敵”は、鳥かもしれない。

2009年、米ニューヨークで、エンジンの停止した旅客機（エアバスA320）が、ハドソン川の水上に不時着する事故を起こした。機長の勇敢な行動もあり、乗員・乗客全員が助かったため、「ハドソン川の奇跡」として称賛されたことは記憶に新しい。この原因が、「バードストライク」とされている。

旅客機の場合、エンジンに鳥が衝突すると、最悪の場合はすべてのエンジンが止まり、墜落してしまう。また、「ハドソン川」のようなケースまではならなくとも、バードストライクを原因とする離陸後の引き返しや滑走路の一時閉鎖は日常茶飯事だ。よって、バードストライク対策は喫緊の課題となっている。

各地の空港を管理する国土交通省は、主要空港にバードストライク対策専任の担当者を置き、空砲で鳥を追い払ったり、滑走路付近に鳥の巣があれば撤去したりするなどの努力を重ねている。また、メーカー側も、機体やエンジンの開発段階でエンジンやコクピットの窓（風防という）に生きた鳥をぶつけ、機能が保てることを証明する「鳥衝突試験」を実施している。さらには、最近、大手電機メーカーがレーダーや映像監視装置で空港周辺の鳥の位置を検出できるシステムを開発した。

それでも、国土交通省の発表によればバードストライクは2013年に計1903件起きた。11年は1599件、12年は1710件であり、増加の傾向にあるようだ。どなたか、鳥対策の妙案があれば、提案してみてはいかがだろう。

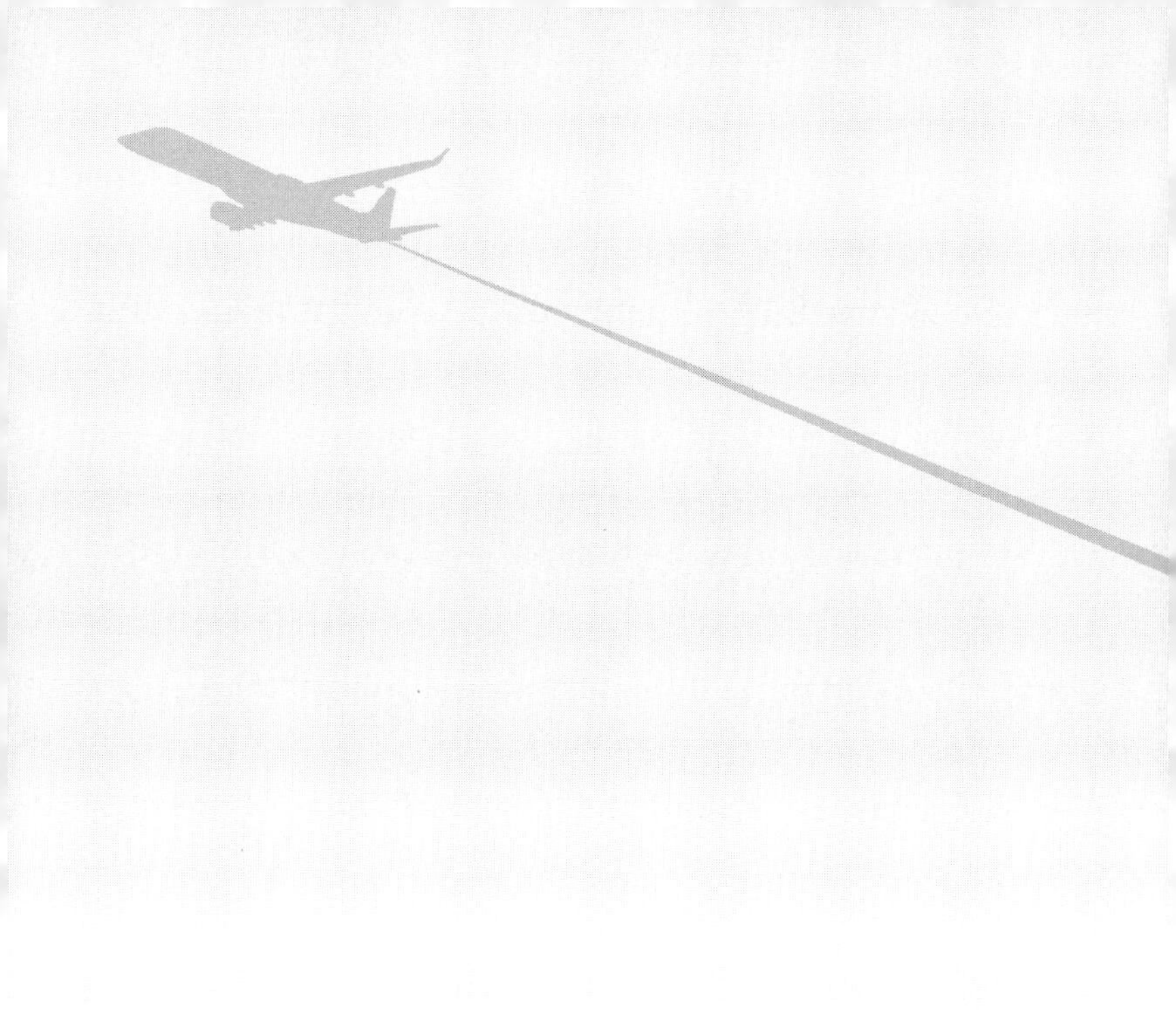

第六章

「産みの苦しみ」を越えて三菱の航空機事業

三菱航空機はこれまで、大幅な設計変更や型式証明の取得手続きの遅れなどによって、ＭＲＪの初飛行や納入開始を計3回、延期してきた。本章では、三菱重工業の航空機事業を追いつつ、ＭＲＪの開発遅延にも迫りたい。

ビジネス機「MU—2」でベストセラーに

三菱重工の航空機事業は「ＹＳ—11」以降、どんな道をたどってきたのか。同社は「ＹＳ—11」が開発段階にあった時期から、すでに独自の航空機事業を計画していた。初の国産ビジネス機「ＭＵ—２」（７—９人乗り）だ。ＹＳ—11が初飛行した翌年の１９６３年、ＭＵ—２も初飛行した。

ＹＳ—11が航空会社による旅客輸送を目的にした「旅客機」であるのに対して、ＭＵ—2は、「自家用」「社用」の航空機。特に市場の大きい米国をターゲットに開発し、65年、日米の航空当局から型式証明を取得した。

機体の特徴は、主翼の後ろ側に装備された大型のフラップ（高揚力装置）。この「ダブル・スロッテッド・フラップ」によって、翼面の荷重が従来機よりも50％増え、短距離での離着陸が可能になった。エンジンには「ターボプロップ」方式を採用して、米国製の最

MU－2（三菱重工業飛島工場で）

新エンジンを使った（型式によってはフランス製）。これによって、巡航速度や航続距離も同型機で最高レベルを誇った。

MU－2は、結果的に累計760機を販売するベストセラー機となった。欧米では「あの零戦を作った三菱の飛行機」として注目。一方、国内でも自衛隊機に改造することが当初から議論され、陸上自衛隊向けには偵察機、航空自衛隊向けには救難捜索機として、それぞれ転用された。

続いて国産初の「ビジネスジェット」に挑戦

MU－2で再び世界の航空機市場に名乗りを上げた三菱重工は、1970年代半ばから、ジェット機事業にも本格的に乗りだす。定員9―11人の「MU―300」という機体で、ジェットエンジンを搭載するビジネス機は、国産では初めてだった。エンジンには小型機用エンジン大手の「プラット・アンド・ホイットニー・カナダ」製を採用。三菱のシンボルであるスリーダイヤをとって、米国では「ダイヤモンド・ワン」のブランドで販売された。

MU―2の経験もあり、機体開発は当初は順調に行った。「MU将来機計画」として75年から三菱社内で研究を始め、77年には試作1号機が初飛行。79年までには米国での安全審査も終え、公式の飛行試験を待って型式証明が交付される予定だった。しかし、ここで三菱にとって大きな〝誤算〟が起きる。

79年、マクドネル・ダグラス(MD)製の旅客機が米国とフランスで相次いで墜落。メーカーのみならず航空当局の審査にも批判が及んだため、米連邦航空局(FAA)は審査基準を大幅に厳格化する。FAAはMDのような旅客機だけでなく、小型機も含めて審査を厳しくした。

ここで、くしくも型式証明を取得する直前にあったMU―300が、FAA新規則の適用第1号となった。飛行試験は難航。結局、FAAから型式証明を取得したのは、81年11月のことだった。

MU－300（三菱重工業提供）

しかし、この時期には第2次オイルショック（79年）の影響が航空業界全体を覆い、深刻な不況期にあった。特にビジネス機市場の縮小は顕著で、米国では合併や買収などの業界再編が起きた。「セスナ機」で有名な老舗メーカーのセスナは、重工業メーカー「ゼネラル・ダイナミクス」（GD）の傘下に入り（のちに防衛大手「テキストロン」へ売却）、ガルフストリームも自動車メーカーのクライスラーに買収された（後にGDが買収）。

三菱重工も85年、軽飛行機メーカーである米ビーチクラフトと業務提携。MU－300の販売をテコ入れしようとした。しかし、今度は米国で、対日貿易赤字の問題から自動車産業を中心に強烈な「ジャパンバッシング」のうねりが起き、ＭＵ―３００にもその影響が及んでしまう。

ビーチクラフトは三菱の色が出ると販売数に影響するため、ＭＵ―３００の名前を「ビーチジェット４００」に変更。その後、三菱重工は88年、ＭＵ―３００累計１０１機を販売したところで生産やアフターサポートも含めた事業のすべてをビーチクラフトに移管。ＭＵ―２も同社に移管して、ビジネス機の生産・販売から完全に撤退した。

ＭＵ―３００の運命はその後も「波乱」の連続だった。ビーチクラフトは、軍用機メーカーの米レイセオンに買収されて「ホーカー・ビーチクラフト」となり、機体名のビーチジェット４００も「ホーカー４００」として売り出されることになった。皮肉にもこれが米国市場でよく売れ、販売数はＭＵ―３００時代と合わせて７００機以上とされている。

ちなみに、ホーカー・ビーチクラフトはその後、12年に破産法の適用を申請。13年から14年にかけて、前述の複合企業テキストロンがこれを買収し、かつての「セスナ」「ビーチクラフト」「ホーカー」の3ブランドはすべて「テキストロン・アビエーション」の下に統合された。米国の業界再編はすさまじい。

ところで、現在、自動車メーカーのホンダが、ビジネスジェット「ホンダジェット」を開発中であるのはご存じの方も多いだろう。創業者本田宗一郎が抱いた「いつかは空へ」という夢を実現するべく、ホンダの米国会社「ホンダエアクラフトカンパニー」が開発している。7人乗りで、自動車メーカーらしくエンジンも自社開発。主翼の上にエンジンを配置するというユニークな形状で、米国航空宇宙学会から12年に「エアクラフトデザインアワード」を受賞するなど、業界からの評価は極めて高い。15年の納入開始を目指している。日本勢がビジネス機に参入するのは、MU―300以来となる。

三菱重工はその後、97年には純国産のヘリコプター「MH―2000」を開発したが、それ以外ではボーイングやボンバルディアなどの下請けに〝専念〟してきた。

次に、いよいよMRJの話に入ろう。

大手でも多発する開発遅延

MRJの開発は遅れている、というイメージが強いが、旅客機の開発遅れはボーイングやエアバスなどの航空機大手でもよく起きることで、決して珍しいことではない。最近の事例で言えば、欧エアバスが14年12月から航空会社に引き渡しを開始した大型機

「A350XWB」は、もともと原型の「A320」が04年末に開発が始まり、10年の就航を目指したが、その後大幅な設計見直しがあった。米ボーイングが11年から就航している中大型機「787」も、開発段階では3年以上の遅れに見舞われている。

旅客機は部品数が100万－300万点と自動車の100倍にもなるほか、就航時までには国の航空当局による認可も取得しなければならない。新型の飛行機を当初の計画通りに開発するのは、経験豊富な欧米の大手企業でさえ、非常に難しいのだ。ましてや三菱重工業や三菱航空機にとっては国産の旅客機を設計すること自体が約半世紀ぶり。設計や製造の現場では、日々新たな問題に直面し、それを乗り越えていく作業の連続だ。三菱航空機の江川豪雄会長はこれを「産みの苦しみ」と表現する。

「大幅な設計変更」1回目の延期

三菱航空機が1度目のスケジュール延期を表明したのは、09年9月9日。この日、三菱航空機は、MRJの主翼材料を変えるなど大幅な設計変更を発表した。また、「設計作業の追加」が出るとして、MRJの初飛行を計画より約半年遅れの12年第2四半期（4－6月）、初号機納入を最大3カ月遅い14年第1四半期（1－3月）にずらす、とも公表した。

この発表で航空機業界を最も驚かせたのは、主翼の材料を当初計画していた「炭素繊維強化プラスチック」（ＣＦＲＰ）からアルミニウムに変えたことだ。説明するまでもないかもしれないが、ＣＦＲＰは炭素繊維に樹脂を含ませ、それを固めてつくる素材。炭素繊維複合材、あるいは単に複合材と呼んだりする。

ＣＦＲＰの性能は「鉄と比べて重さは4分の1、強度は10倍」とよく例えられ、航空機に採用すれば大幅な軽量化が期待できる。三菱重工業はボーイングの中大型旅客機「７８７」向けにＣＦＲＰ製の主翼を製造しており、技術的な蓄積も十分にあったため、ＭＲＪでも当初は主翼や尾翼など約３割にＣＦＲＰを用いる計画だった。

しかし、実際にＣＦＲＰ製主翼の検討をしてみると、曲面など複雑な形状に使うためには金属の補強材も必要となり、小型機では結果として重たくなることが分かったのだという。確かに、カナダ・ボンバルディアが開発する１５０人乗りクラスの「Ｃシリーズ」では主翼にＣＦＲＰを用いているが、それよりも小型のブラジル・エンブラエル「Ｅ２」では、ＣＦＲＰ製主翼を採用していない。三菱重工業の大宮英明会長（当時社長）は「あれは純粋に技術的な決断だった」と振り返る。

三菱航空機はこのほか航空会社の要望なども採り入れ、客室空間の拡大や、機体の前部と後部に分かれていた貨物室を後部に統合することなども決めた。一連の設計見直しによって初飛行や納入のスケジュールを遅らせることになったが、同社は「MRJのセールスポイントである高い環境性能、快適な客室、優れた運航経済性という3点が更に強固になった」と説明した。

この時点では、納入までのスケジュールに余裕があり、また航空会社の要望も加味した設計変更であったため、「開発遅延」というよりは単純に設計の見直しという意味合いが強いと受け止められた。三菱航空機は翌10年9月にはMRJの部品製造を開始。11年4月には、機体構造の組み立てを開始している。しかし、部品や機体の製造を始めたことで対外的には順調に見えた開発だが、次第に「産みの苦しみ」が表面化してくる。

2回目の延期

三菱航空機が2回目の開発遅れを発表したのは12年4月25日。当時の初飛行予定が同年4―6月と直前に迫る中での発表だった。初飛行の数カ月前になっても、機体の最終組み立て工程にすら入っていなかった。この時は初飛行を13年度第3四半期（10―12月）に、納入開始は15年度の半ばから後半（10月以降とみられる）に延期している。

発表方法は記者会見ではなく、「スケジュールの見直しについて」と題するプレスリ

リースのみだった。そこに記載した理由は、
①製造工程の見直し及び確認作業に多大な時間を要している
②開発段階での各種技術検討に多大な時間を要している
の2点。少し間接的な表現となっている。

同社が遅れの理由に挙げた2点の意味は何かというと、まず①は、11年に三菱重工業で起きた、MRJ以外の機体製造現場における規定違反の問題が影響している。同社の社内では「エッチング事案」などと呼んでいるが、ボーイング向けや防衛省向け機体の部品製造工程で切り粉を取り除く「エッチング作業」を、規定の時間よりも短縮するなどしていた。

この問題で三菱重工は国土交通省から、航空法の規定にのっとって厳重注意を受けた。MRJとは直接関係がなかったものの、MRJの機体構造に使う金属部品の大半は同じ工場で製造していたので、「製造工程の見直し及び確認作業に多大な時間を要している」という状態が長く続いた。

もう一つの理由である②については、技術的な問題だ。MRJは垂直尾翼や水平尾翼に使うCFRPについて、東レと共同開発した「A−VaRTM」と呼ぶ新しい成形法を用いる。従来の「プリプレグ」製法よりも強度があり、なおかつ複合材硬化炉（オートク

レーブ）を使わなくてもよいため、生産コストを抑えられる。「ＭＲＪはこれらの先進技術を多く用いており、検証に時間を要している」などと説明した。

ただ、この発表に至るまで、三菱航空機は数カ月もの間、迷走していた。

4月25日の発表に先立つこと2カ月以上前の2月、シンガポールで行われた航空ショーの場で、同社は海外メディアからＭＲＪの詳細な開発日程を厳しく問われ、スケジュールを延期する検討に入ったことを認めた。関係者によれば、この時、親会社の三菱重工業には、三菱航空機から遅れに関する明確な説明が伝わっていなかった。グループ内では、ＭＲＪの開発日程を巡り、混乱が起きていた。

「一体、ＭＲＪの開発はどうなっているんだ」。三菱重工側が聞くと、三菱航空機からは「まだ報告できる事項がない」との答えが返ってきたという。同じ三菱グループの中でも、ほとんど連携が取れていなかった。その背景には、「2度目の遅れは許されない」という重圧があった。

シンガポール航空ショーから約1カ月後の3月、三菱航空機の江川豪雄社長（現会長）は日刊工業新聞のインタビューに対し、「もうすぐ（開発遅れの発表を）決心しようと思う」と語っている。筆者の印象としては、初飛行が迫る中、1回目のスケジュール延期となった09年以来、積もりに積もった開発作業の遅れをいよいよ対外的に公表せざるを得な

スカイウェストからの受注を発表する江川豪雄社長（写真左、現会長）ら

くなったという感じだった。

　2度にわたるスケジュール延期を起こし、MRJは順調ではないのでは――。そんな空気が業界に漂い始めた12年夏、三菱航空機は米国の航空会社から大型受注を獲得する。7月に英国で開かれたファンボロー航空ショーで、米国の地域航空大手「スカイウェスト」から100機受注することで基本合意したのだ。

　累計受注数が230機（当時）に跳ね上がる大型の案件だった。この時、三菱航空機の江川豪雄社長（現会長）は「少しは〝汚名返上〟できたのではないか」と語り、大量受注に胸をなで下ろしていた。開発遅延に直面する三菱航空機にとって、久々の受注は心強いニュースだった。

同年12月には、スカイウェストからの100機受注を確定させ、さらにオプション（仮注文）として100機を追加受注した。

13年1月には、三菱航空機は役員人事を実施。事務系で営業畑の長い江川豪雄社長は会長兼最高経営責任者（CEO）に就き、過去に三菱重工のビジネスジェットで型式証明業務に携わった経験のある川井昭陽副社長が、社長兼最高執行責任者（COO）に昇格した。いよいよ、型式証明の取得に向けた作業を本格化するという意味が込められていた。

しかし、三菱航空機はこの後、三たび、開発遅延に見舞われることになる。

3回目の延期は「型式証明」が壁に

3回目のスケジュール延期は13年8月22日。三菱航空機は同日夕刻、東京・品川にある三菱重工業本社で記者会見を開き、初飛行と初納入の日程を延期すると発表した。2回目、3回目の遅れともにメディアの観測報道が先行したこともあってか、会見での記者からの指摘も厳しかった。筆者も出席していたが、会見は約1時間に及んだと記憶している。

納入延期を発表する川井昭陽三菱航空機社長（中央）、岸信夫同執行役員（右）、鯨井洋一三菱重工業取締役常務執行役員（2013年8月22日）

遅れの理由に関する三菱航空機の説明は、これまでの中でも特に〝難解〟なものとなった。同社の発表文には、こうある。「高い安全性と性能を備えた航空機の開発を確実に推進することを最優先に、時間をかけて設計・開発段階から安全性を担保していくプロセスの構築と装備品仕様の詰めに注力してまいりました。この結果、装備品の製造開始・納入時期に遅れが生じました」。

発表文で直接触れられてはいないが、この時期、三菱航空機幹部の心の中には、常に「型式証明」（TC＝タイプ・サーティフィケーション）という言葉があった。TCは、国の航空当局による、安全性に関する認証のこと。航空機という高い安全性が求められる製品を売り出すためには、国家による安全認証が必要になる。会見でも、同社の川井昭陽社長は幾度となく、「型式証明」という言葉を口にした。

国際民間航空条約（シカゴ条約）は、航空機の設計・製造国が、その航空機の安全性に責任を負うと定めている。ＭＲＪの場合は国土交通省が監督官庁であり、同省の航空局が実際の安全審査を担っている。

「故障しても飛ぶ」と例えられるほど、高い安全性が求められる民間旅客機。開発段階では機体全体から個々の部品に至るまで、衝撃に耐える力や耐雷性など、いわゆる「耐空性」を、実際の試験結果によって証明する必要がある。開発経験が豊富な欧米では、大小さまざまな事故が起きるたび安全基準も変わり、審査項目も複雑化する。航空当局とメーカーの双方に、開発のノウハウが蓄積されていく。

日本は長らく旅客機の開発経験がなかったために、耐空性をどう証明するのかという「方法論」から出発する必要があった。三菱重工の大宮英明会長は、「安全性をどこまで証明するべきか、我々も規制当局も分からない。米国のサプライヤーに言わせれば『そこまでやらなくても』というレベルまで保証しようとした」と話す。三菱航空機の川井昭陽社長も、「目の前に（機体安全性などに関する）規定が書かれた紙が１枚あるとする。ではこれをどうやって証明するか、あるいは実機を使った試験をどう進めるのか。それは自分で考えるしかない」と話す。

ＭＲＪの部品点数は約95万点ある。三菱航空機には約１５００人の従業員が働いているが、旅客機の型式証明を取るという意味では、経験を持つ人がほとんどいない。また、作る方も50年ぶりならば、審査する方も50年ぶり。国交省航空局も事情は同じだ。型式証明をどうやって取得するかという計画作りに手間取り、ＭＲＪは３回目の遅れに見舞われた。

開発状況をオープンに

ただ、３回目の遅れを発表した時点で、三菱航空機には明るい兆しも見えていた。この時の記者会見で、筆者は川井社長に、「ＭＲＪの開発を山登りに例えれば、現時点では何合目か」と質問した。すると、川井社長は「６合目」と答えた。いわく、「（製造などの）プロセスの保証をほぼ乗り切った。あとは実際の試験で安全性を証明する。真っすぐな道のりだ。（納入に）見通しが立つ領域に入ってきた」のだという。

３回目の遅れを公表した後、三菱航空機内部では、対外発表に関する方針転換が図られ

名古屋市内で開いた「パートナー・カンファレンス」
（2013年12月、三菱航空機提供）

た。信頼回復のためにも、よりＭＲＪの開発状況をオープンにしようとしたのだ。同社から発せられる情報の量は、13年8月を境に増加した。

　9月上旬には、さっそく、胴体をつくる三菱重工飛島工場（愛知県飛島村）で製造中の試験機を公開。10月中旬には最終組み立て工場の小牧南工場（愛知県豊山町）に胴体を運び込む様子も公開した。このほか、サプライヤーや金融機関との会合の様子も随時発表し始めた。

　この時期には、「産みの苦しみ」を通り越し、ＭＲＪの開発は着実に前進するようになった。

　年が明けて14年に入ると、三菱航空

機は機体開発の一つの節目である「ロールアウト」（機体の完成披露）を秋ごろに開催する目標を掲げ、試験機の製造を本格化。ロールアウトの模様は後の章で詳しく書くが、6月には機体の主翼と胴体を結合させる「翼胴結合」という作業を完了。米国のプラット・アンド・ホイットニーから試験機用のエンジンも届き、同月には機体の外観をほぼ完成させた。

製造の進展とともに、販売活動も好転した。7月に英国ファンボローで開かれた航空ショーでは試験機製造の進ちょくをアピール。米国とミャンマーの航空会社から新規受注を果たした。

さらに翌8月下旬には、MRJの開発当初から発注が取り沙汰されていた日本航空（JAL）が、32機を導入することを決定。都内で記者会見したJALの植木義晴社長は、報道陣からMRJの開発遅れに対する心配はないかと問われ、「もはやその段階を越えている」と断言。MRJは、3度の遅れを経て、ようやく開発のプロセスが進むようになった。

第七章

飛行機を売るという難しさ

旅客機は1機あたりの価格が数十億円から数百億円と非常に高価な製品だ。MRJもカタログ価格で約47億円する。このため単に「作って売る」というだけのビジネスではなく、例えば納期に間に合わなかった場合の補償をどう設定するかという点や、乗務員の訓練をだれがどうサポートするか、交換部品の納入体制といったアフターサービスをどうするかなど、商談時にいくつもの付帯条項がついてまわることになる。本章では、航空機が実際にはどのように売買されているのかを探りたい。

華やかなエアショー

「タッチ・アンド・ゴー!」——。大型の旅客機が目の前の滑走路に着陸したかと思えば、止まらずにそのまま上空へと再浮上していく。しばらくすると、今度は編隊を組んだレトロな戦闘機が、華麗な曲芸飛行を見せつける。フランスや英国、シンガポールなどで開かれる「エアショー」の一コマだ。

自動車業界に「モーターショー」があるように、航空宇宙業界にも新型機を展示したり新技術を披露したりするエアショーという場がある。エアショーは空港などの滑走路に隣接した場所で行われるケースが多く、航空機メーカーは実際に飛行機を飛ばして、その性

シンガポール航空ショーの屋外会場（2014年2月）

能や完成度をアピールする。

また、エアショーは単なる一般向けの「ショー」にはとどまらない。世界の航空機メーカーや航空会社の首脳、政府や軍の関係者、メディアらが一堂に会し、大型の受注交渉などに臨む「商談会」の場でもあるのだ。

旅客機は「1機売れれば数十から数百億円」という製品なだけに、メーカー側の営業経費の使い方も派手と言える。大手の航空機メーカーはショー期間中、屋外に「シャレー」（フランス語で「山小屋」の意）と呼ばれる特大ブースを設置。シャレーには、調理スペースや会見場、VIP用の応接室などが備え付けられており、メーカーは顧客の接待や記者会見などに用いる。

ＭＲＪをはじめとする旅客機も、こうしたエアショーの場で大型の受注が発表されることが多い。第四章でも述べたが、エアショー期間中は世界的にも航空機産業への注目度が高まる時期。メーカー側は、特に偶数年に英ファンボロー、奇数年に仏パリで開催される2大エアショーの場で、新型機の開発や大型受注などを発表しようとする。

もちろん、こうした華やかなエアショーにたどり着くまでには、メーカー側は入念な下準備を進めている。

「紙飛行機」を売る

航空会社の一般的な機材発注プロセスは、以下のようなものだ。

①老朽機材の更新や路線拡大といった発注ニーズが生まれる
②導入時期や機材数など大まかな機材計画を作る
③機体の候補を決める
④メーカーとの間で価格やサポート体制など条件交渉をする
⑤発注

①や②の段階では商談は本格化しないが、③以降になると、航空会社は数カ月から1年程度の間に価格や付帯条件などの交渉を一気に詰めることになる。商談の初期段階では営業担当者が継続的に情報交換しておき、中盤以降は役員が集中的に意思決定する、といったプロセスになる。

三菱航空機でＭＲＪの営業に当たっているのは親会社の三菱重工業出身者のほか、商社や銀行出身者からなる混成チームだ。商社や銀行から来る営業マンは長年、航空機のリース販売や金融に携わってきた「航空機のスペシャリスト」。すでに世界２００社以上の航空会社とコンタクトを取り、日々、情報交換やプレゼンテーションを行っているという。

ＭＲＪは本書の執筆時点で日本、米国、ミャンマーの計6社から仮注文を含め４０７機の受注がある。新規参入のメーカーで、なおかつ初飛行前としては非常に順調とも言える。それでも２００８年に機体の販売を始めた当初は、50年間実績のなかった分野だけに、顧客からの風当たりは想像以上に強かった。

「実際に機体があればすぐにでも買うのですが…」。三菱航空機の山上正雄常務執行役員営業本部長は、商談相手が皮肉交じりでこう言うのを聞いたこともある。開発段階にあるＭＲＪは、商談先で燃費性能の高さをうたっても、実機がないために、なかなか信頼してもらえなかった。

通常、メーカーが旅客機を販売する場合は実機を見せながら商談するのが筋ではある。しかし、新型機の開発には少なくとも3―5年ほどの期間が必要なため、実機を作ってから売るのでは受注までにかなりのタイムラグが出てしまい、この間実入りのないメーカーにとっては大きな不安材料になってしまう。一方の航空会社側にも、メーカーの生産能力には限りがあるので、性能の良い飛行機は実機ができる前に発注して〝生産枠〟を確保したいという考えがある。

こうして、新型の航空機は実機のない「ペーパープレーン」の段階から机上で売買されることになる。「新しくて、燃費が良い飛行機が出ると聞いた途端、皆さん（航空会社やリース会社）の食指が動く。そこで我々は既存機との違いを説明したり、具体的な投入ルートを提案したりして、地道に交渉を続ける」（山上常務執行役員）。しかし、初期のMRJは実機がないことに加え、開発の遅れで「いつ納入できるのか」といった日程が確定しにくかったため本格商談には行きにくかった。08年3月の事業化から約1年半もの間、全日本空輸（ANA）以外からは受注を取れなかった。

「日本製」が信頼を後押し

しかし、当初吹き荒れていたＭＲＪへの逆風は、開発作業の進展とともに、追い風に変わる。三菱航空機は09年に米トランス・ステーツ・ホールディングス（ＴＳＨ）から１００機（確定50、オプション50）、11年に香港のＡＮＩグループホールディングスから５機の覚書（のちに失効）、12年には米スカイウェストから２００機（確定１００、オプション１００）を受注した。

販売活動の支えになったのは日本製品への基本的な信頼だ。日本はジェット旅客機の開発という意味では実績がないものの「いつかは良い飛行機を作ってくれるだろう」というベースの信頼がある。「新規参入組の中でもロシアや中国と比べて品質への信頼感、約定履行に対する安心感が高いと評価されている。これまで自動車や電機産業などが世界で作ってきたレピュテーション（評判）のおかげ」。山上本部長はこう語る。このため、機体開発が進むに連れて、当初は乗り気でなかった航空会社からも引き合いが増えていった。

３回目の納入遅れが明らかになった13年は受注なし。しかし、翌14年は米イースタン航空から40機（確定20、購入権20）、ミャンマー・マンダレー航空から10機（確定６、購入権４）、そして日本航空（ＪＡＬ）からも32機購入の基本合意を得た。ＪＡＬはＭＲＪの事業化当時からANAと並んで発注が取り沙汰されていたが、このタイミングでの発注となった。JALはその後、15年1月に正式契約を結んでいる。

MRJを最初に注文したのは全日空

08年にMRJを発注し、三菱航空機にとって初の顧客となったANA。機種の選定段階では、副社長をトップとする数十人規模の組織を作って導入機種を絞り込んでいった。ANAホールディングスの吉田秀和・機材計画チームリーダーは、MRJの選定経緯を、次のように話す。

「まずは当社で保有するボーイング737―500型機（約120席クラス）の退役時期が14年ごろに迫っていたので、後継機材の選定に着手した。しかし、国内線の需給バランスを考えた場合、路線によっては120席クラスの機体では需要に対して大きすぎた。かといって現在保有するボンバルディアの70席クラスの機体では小さすぎる。そこに（90席クラスの）MRJの開発が始まった。機体のサイズがニーズに合致した点が大きかった。また（三菱航空機が）国内メーカーである点も発注の大きな動機となり、導入の検討を本格化するため、社内に『機種選定委員会』を立ち上げた」。

航空会社にとって、航空機とは利益を生み出す最も大切な道具となる。このため、機材選定は役員や事務方だけでなく、乗務員、整備、調達、運航部門といったほとんどすべての部署を巻き込み、社内横断的な組織を作って慎重に進めるのが一般的だ。吉田チームリーダーはこう続ける。

「社内でも機種選定モードに入った瞬間、守秘義務が守られる体制を敷き、慎重に検討を進める。『飛行機の中が透けて見えるほど』に機体を調べ尽くし、買値やワランティ（保証条項）などを交渉していく。ＭＲＪを選んだ時は、当初はエンブラエルなど既存の大手だけでなく、中国やロシアのメーカーも候補に入れていた」。

ＡＮＡは小型機の導入検討を開始した当初、１００席以下の航空機を製造していないボーイングやエアバスを除き、すべてのメーカーを候補にしたそうだ。一部では、国産旅客機であるＭＲＪを購入するように政府方面から圧力がかかったという見方もあるが、吉田チームリーダーはこれを一蹴する。

「そんなことに配慮して生き残れるほど今の航空業界は甘くない。導入コストや運用コストを精査して、収益に貢献する方を選ぶ」。慎重の上にも慎重を期した詳細な検討を重ね、ＡＮＡは08年3月、世界で初めてＭＲＪを発注した。

航空業界では一部の例外を除き、その航空機を世界で初めて発注する航空会社（場合によってはリース会社）を「ローンチカスタマー」と呼び、他の発注者と区別する。ローンチカスタマーは日本語に訳しにくい言葉だが、「メーカーがその機種の開発を決断するだけの大型発注をして、事業化（ローンチ）の後ろ盾となる顧客」といった意味がある。

航空機は開発コストが膨大なため、顧客が付かない場合の事業リスクが極めて大きい。そこでメーカー側は、機体の構想段階から航空会社に発注を確約してもらう手法を取る。つまり「作ってから売る」のではなく、「売ってから作る」のである。

航空会社にとって「机上の飛行機」を買うリスクは大きいが、その分、機体価格を安くしてもらったり、開発段階で機体設計に〝口出し〟できるメリットも持つ。航空機メーカーにとってローンチカスタマーは特別な存在であり、MRJの場合はそれがANAとなった。ちなみにANAは、ボーイングが11年に就航させた中大型機「787」のローンチカスタマーでもある。

MRJは当初、戦闘機っぽかった？

航空機の開発は、メーカーだけでなく、航空会社の意見もふんだんに取り入れながら進められる。ANAによれば、同社はローンチカスタマーの立場から、三菱航空機に対して

MRJのフライトシミュレーター（三菱航空機提供）

これまでに約600件の提案や要望を行い、そのうち約70％が設計に反映されたという。機体の構造や空力設計といった部分は専ら、メーカー側が作るのだが、航空会社も、操縦室や客室の使い勝手といった部分については、ユーザーの視点から多くの部分を修正するようだ。

ところで、複数の航空会社幹部の話によれば、MRJは戦闘機メーカーの三菱重工業グループが作ることもあって、当初は「かなり戦闘機っぽいつくり」（航空会社幹部）だったという。戦闘機は原則として一人で操縦するように作られている。このため、MRJにも当初は、信頼性を重視してか、エンジン関連の同じ計器が機長側と副操縦士側の両方についていた。しかし、こうした発想は航空会社側にはなかった。「通常は、機長が操縦し、副操縦士がそれをサポートするように設計されている。同じ計器が二つも付いていたら、片方の計器が故障していた場合にどちらを信じればいいのか、分からなくなる」（同幹部）。

航空会社の要望により、このエンジン関連の計器は1個に変更された。現場では、このような細かな設計変更が日々、行われている。

ＪＡＬもＭＲＪを32機発注

14年8月になってようやくＭＲＪの発注に至ったＪＡＬ。植木義晴社長はこの時の記者会見で、「機体の価格や（燃費性能など）経済的な面も含め、非常に良い交渉をした」と公言し、機体の購入費用に関して大幅な値引きがあったことをにおわせた。ＭＲＪのカタログ価格は約47億円だが、32機をまとめ買いすることで発注単価を下げたとみられる。

この発注は、三菱航空機にとっても二つの点で大きな意義があった。ＪＡＬの発注で、日本の2大航空会社がＭＲＪを運航することになり、国際的な信用度が一気に増すからだ。三菱航空機の江川豪雄会長は「我々は、日々の営業活動で『日本製の航空機』ということを全面に出してきた。国内の航空会社から注文をもらったことで、諸外国の航空会社にも、日本の優れた製品であることの裏付けに感じてもらえるのではないか」と期待す

MRJの模型の前で握手する植木義晴JAL社長（左から2人目）と、江川豪雄三菱航空機会長（右から2人目）

る。

ある航空業界関係者の話では、「ＭＲＪはこれまで『客筋』が良いとは言えなかった」という。もともと、ＭＲＪのような座席数１００席前後の「リージョナルジェット」は主に地域路線に使われるため、大手よりは地域航空会社向けに売れることが多い。これらの航空会社は大手よりも信用力に欠ける。ＭＲＪもこれまでは、ローンチカスタマーのＡＮＡを除きほとんどを地域航空会社や新興国の航空会社から受注してきた。それだけに、大手であるＪＡＬからの受注で「良い顧客に売れている」というイメージが付き、ＭＲＪ自体の評判にもプラスに働くことが期待されている。

さらには、JALの発注でMRJの受注機数が合計407機となったことも、大きな意味がある。三菱重工業はMRJの開発当時、採算ラインを350–400機としていた(実際の採算ラインは開発遅延の影響もあって後退していると考えられるが…)。ある銀行関係者は「受注機数の多さよりも受注した会社の数の方が大切」との見方を示すが、初飛行前の現段階で400機の大台を超え、当初の採算ラインに乗った計算となる。

ところで、なぜJALはMRJが事業化された08年ではなく、14年に発注したのだろうか。同社でMRJの機種選定に関わった西山一郎機材グループ長は「もちろん話は(三菱から)いただいた」と話す。JALは08年のMRJ事業化以前、ANAと同様にMRJを数十機購入する検討をしていた。ただ、JALの場合、08年はちょうどブラジル・エンブラエルの「ERJ170」(76席)というリージョナルジェットの導入を開始した年でもあった。これと競合するMRJの市場投入は13年が予定されており、JALとしては、導入し始めたばかりのエンブラエル機をわずか数年で置き換えるのは合理的でない、と判断した。「我々から見れば、米ボーイングや欧エアバスは大体20年使えるように飛行機を作っている。それにならえばERJの更新時期も(MRJの市場投入が予定される13年より)もう少し先になるという感覚だった」(西山グループ長)。

しかし、その後、MRJの開発遅延によって市場投入の時期は3年半遅れた。さらには

ＭＲＪの受注機数も増え、ＪＡＬが発注する場合の納入開始時期も２０２１年と、既存のエンブラエル機の更新時期と重なったため、発注に至った。

航空会社からみた「リージョナルジェット」の難しさ

リージョナルジェットは、一回り大きい「単通路機」や、逆に一回り小さくエンジンも異なる「ターボプロップ機」とも競合するジェット機だ。ユーザーである航空会社は、その使い勝手をどう考えているのだろうか。ＪＡＬは２０００年代初頭にリージョナルジェットを導入し、既に15年が経過した。西山グループ長はこの15年で分かってきた点として、発着回数が多いことによる〝寿命〟の短さを挙げる。

「（子会社の）ジェイエアを通じて大阪（伊丹）空港を中心にリージョナルジェットを飛ばしているが、大型機と比べて1日の飛行回数が多く、傷みが早い。大型機なら20年ほどで到達する飛行回数を、リージョナルジェットの場合15年ほどで飛んでしまう」。

数百人ものお客を乗せて主に大都市間を飛ぶ大型機と違い、リージョナルジェットは地方路線での飛行がメーン。その分、飛行距離が短く、乗客が支払うチケット料金も低い。このため航空会社は1日に何度も飛ばすことで収益を得ようとする。1日のうちにA地点からB地点に飛び、B地点からC地点、さらにはCからA地点などと、機体を「酷使」するだけに、結果として寿命は短くなるようだ。また、西山グループ長はこう続ける。「当社も、リージョナルジェットの運航ビジネスが軌道に乗ってきたのは、最近の話だ。(10年の)経営破綻までは名古屋空港(小牧)を(リージョナルジェットの)ベースにしていたが、路線縮小と併せて伊丹空港に移転したことで、ビジネスとして成り立ってきている」。

中部地方よりも人口の多い関西地方にリージョナルジェットの運用拠点を集約したことで、搭乗率が上がり、収益に結びつくようになってきた。座席数50—100席というサイズはこれまで、ジェット機よりも燃費の良い「ターボプロップ機」が主に担ってきた分野。それだけに、リージョナルジェットを導入する場合はどの路線に投入すれば採算が取れるのか、航空会社も手探りの状態であるようだ。

首相がMRJを「トップセールス」?

三菱航空機にとっての顧客は世界各地の航空会社だが、その中には純粋な民間会社もあれば、新興国の国営航空会社もある。特に後者への売り込みは、相手がその国の政府であるだけに、日本政府側のサポートも必要となる。経済産業省は、すでに研究開発レベルでの支援や貿易保険といった政策に加えて、国によるトップセールスも開始している。「リージョナルジェットは、いかがでしょう」。14年1月、アフリカ東部エチオピアに、三菱航空機の江川豪雄会長の姿があった。安倍晋三首相のアフリカ歴訪に、産業界のミッション団の一員として同行。国営のエチオピア航空に対し、MRJを売り込んだ。日本政府による、事実上のトップセールスだった。

日本政府の側から見れば、MRJの海外販売を後押しする理由は、単に航空機産業の拡大につなげるという意図だけではない。MRJの販売と同時に、当該国に対するほかの支援策も用意することで、長期的な関係構築につなげられるという期待がある。経済産業省航空機武器宇宙産業課の飯田陽一課長はこう話す。

「MRJを買ってもらうために、その交換条件をどう設定するかということを、国全体で考えなければならないと考えている。例えばMRJとエネルギー協力の話をパッケージ化（して提案）するというのは、我々の懐の広さがあれば、そういう議論もできるかもしれない。相手にそれを意識させればいいだけですから。（販売相手が）政府なわけだから、貸し借りの中でどういうポートフォリオを組むか。そこがトップセールスだと思う」。

旅客機は、民生品であると同時に、政府にとっては国際支援や外交関係の構築にも資するツールの一つとなるのだ。

ＷＴＯで「訴訟」合戦に？

一方で、航空機の開発や販売に際しての国家支援が、国際的な紛争を巻き起こすこともある。図にあるように、米国と欧州、またはカナダとブラジルはそれぞれ、長年にわたって世界貿易機関（ＷＴＯ）で互いに訴訟合戦を展開してきた。「航空機メーカーへの多額の補助金が、他国製品への著しい害を生んでいる」という主張だ。しかし、自らの国や地域への補助金に関しては逆に訴えられる立場でもある。

ＷＴＯ紛争などに詳しい上智大学法学部の川瀬剛志教授（経済産業研究所ファカルティフェロー）は、「ＷＴＯの補助金規律は、航空産業の参入障壁になっている」と解説する。航空機産業は、メーカー数が少なく、一方の競争力が増すと相対的にもう一方に影響が出る構造。それにも関わらず、ＷＴＯの「補助金及び相殺措置（ＳＣＭ）協定」は、補助金による他国への「悪影響」を規制しているのだ。

ちなみに、ＭＲＪと競合するエンブラエルを擁するブラジルは13年、日本政府によるＭＲＪ支援がＷＴＯ協定に違反する可能性があるとして、国家支援に関する情報開示の要求をＷＴＯの委員会で行っている。今後、実際にＭＲＪが市場投入されれば、ブラジルやカナダからこうした「訴訟」に持ち込まれるのだろうか。川瀬教授は「（相手が）座視す

申立国	被申立国	紛争の時期	事件・判断の概要
カナダ	ブラジル	1999~2001	エンブラエル機の輸出に供与される利子補給制度が輸出補助金に該当し、SCM協定3条に違反する。
ブラジル	カナダ	1999~2000	ボンバルディア機の輸出に供与されるカナダ輸出開発公社の信用保証やTPCプログラムによる資金供与が輸出補助金に該当し、SCM協定3条に違反する。
ブラジル	カナダ	2002~2003	上記の継続案件。
米国	EU	2010~ 係争中	エアバス社に対する独仏西英政府による開発・生産開始支援、用地・施設提供、企業再編支援等が補助金に該当し、SCM協定5条・6条に規定する悪影響を米国に与えた。
EU	米国	2011~ 係争中	ボーイング社に対するワシントン、カンザス、イリノイほか州政府・自治体の税制優遇、NASA・国防省の研究開発支援等が補助金に該当し、SCM協定5条・6条に規定する悪影響をEUに与えた。

※川瀬剛志上智大学教授（経済産業研究所ファカルティフェロー）のコラムから。「紛争の時期」については加筆・修正した

主な航空機産業支援関連の紛争案件

ることは期待できない」と予想。その上で、日本側の対応として、〝逆提訴〟を提案する。「ブラジルの提訴があれば受けて立つ、逆提訴もいとわない（という姿勢が必要）。その中で、有利な条件を引き出せる2国間交渉を継続し、WTOやOECDなどの場で中国、ロシアも交えながら、補助金規律に関する交渉をするべく国際世論をリードするのも一策だ」。

飛行機トリビア④　航空機産業、「超下請け」が増殖中

民間航空機は長年、米ボーイングと欧エアバスが王者として君臨する構造だった。しかし、最近は少し変化が起きている。キーワードは「スーパーティア1」（超1次下請け）だ。

自動車業界ではエンジンを含めて開発の多くを完成車メーカーが主導するのに対し、航空機業界では、高度な分業化が進んでいる。エンジンはそもそも3大メーカーの英ロールス・ロイス（RR)、米ゼネラル・エレクトリック（GE)、米プラット・アンド・ホイットニー（P&W）が作ってきたし、電子機器類（アビオニクス）は米ロックウェル・コリンズなど、ランディング・ギア（脚部）は米グッドリッチなど、機体構造品は日本の三菱重工業などというように、いわゆる「ティア1」（1次下請け）が、多くの開発・製造作業を担ってきた。ボーイングの中大型旅客機「787」では、ボーイングの内製比率は約3割だ。

最近、こうした「ティア1」企業が合併や買収を繰り返し、「スーパーティア1」として台頭してくるようになった。その代表例が、P&Wや旧グッドリッチを傘下に持つ「ユナイテッド・テクノロジーズ(UTC)」。2012年の航空宇宙関連の売上高は291億ドル（約3兆円）と、世界5位の地位まで来た。

UTCをはじめとするスーパーティア1は、機体や装備品、エンジンの多くの部分を製造する力を持つ。それだけに、受注価格などに関してメーカーへの発言力が強まっており、「今、ボーイングが一番恐れているのはUTC」（業界関係者）との見方もある。

ちなみに、MRJも価格ベースで部品の7割程度は海外製。「強い部品メーカー」に対し、“新参者”の三菱が部品調達の交渉で非常に苦戦していることは、想像に難くない。

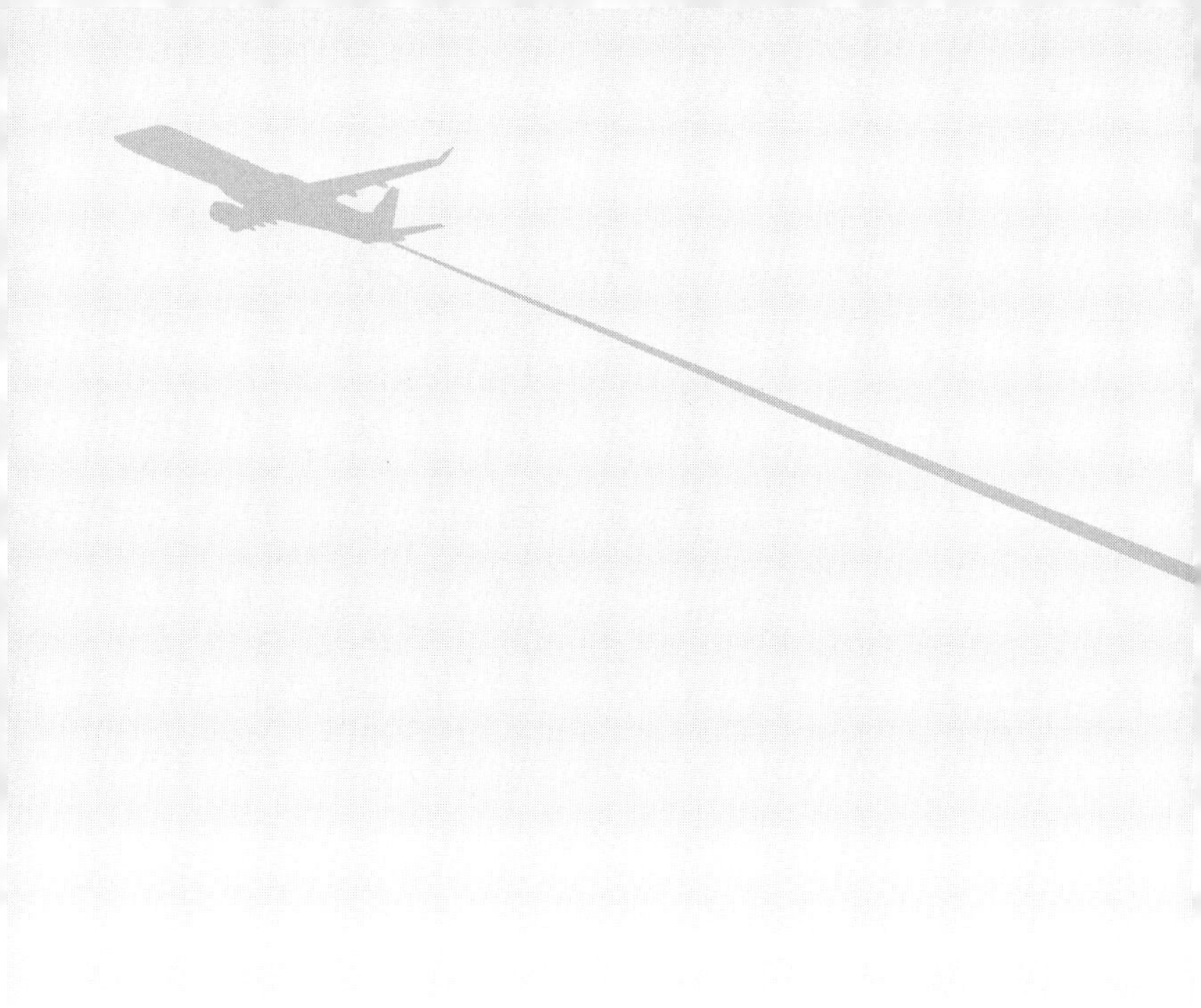

第八章

ロールアウト、そして初飛行へ

「美しい機体」

ドンドンドンドン――。和太鼓のリズミカルな音とともに格納庫の扉が開くと、白地に赤黒金のラインをあしらった飛行機が、従業員に先導されて格納庫に滑り込んできた。「美しい機体だ…」。三菱重工業の大宮英明会長や三菱航空機の川井昭陽社長らはこう口をそろえた。参加者からも「素晴らしい」との声が相次ぎ、会場は祝賀ムードに包まれた。愛知県豊山町の三菱重工業小牧南工場で行われた式典のひとコマだ。幾多の困難に直面してきたMRJだが、2014年10月18日、ついに飛行試験初号機のロールアウト（完成披露）にこぎつけた。

かつて国産旅客機「YS―11」を製造した工場で開かれた記念式典。会場には600席の椅子が用意され、航空会社幹部や三菱航空機・三菱重工業の従業員、官公庁、サプライヤー、メディア関係者ら500人超の招待客が参加した。

「MRJの雄姿を披露し、夢が現実に変わる瞬間を分かち合いたい」。大宮会長はあいさつでこう述べた。ロールアウトは、08年の事業化以来実機のない「ペーパープレーン」だったMRJが、まさに「現実」のものに変わった瞬間だった。MRJを世界で初めて発注したANAホールディングスの伊東信一郎社長が「17年の初号機の受領が待ち遠しい」

2014年10月、ロールアウト式典。大宮英明三菱重工業会長（右端）、川井昭陽三菱航空機社長（左端）ら

と期待を込め、14年8月に発注したJALの植木義晴社長は「（パイロット出身の）私から見ても素晴らしい機体だ」と賛辞を送った。

ちなみに「ロールアウト」とは航空機業界の慣習で、開発中の航空機が「完成」した時、関係者を招待しておる披露目するイベントだ。機体を内外に公開することで開発の進展ぶりや技術力の高さをアピールする狙いがある。一般的には初飛行の前に実施されることが多いが、どの時点で機体を「完成」と見なすかはメーカー側のメンツも絡む。過去にはボーイングが787のロールアウト後に機体の部品の取り外しを行うなどの事態も起きた。

ＭＲＪの場合はどうだったか。式典参加者の中には海外航空会社幹部や海外航空メディアの姿も多くあったが、ＭＲＪへの評価はおおむね好意的だ。米国の航空専門誌アビエーション・ウィーク（電子版）は、ＭＲＪの機首部分の形や製造技術などを例に「非常に魅力的な飛行機だ」と紹介した。ある航空会社幹部も「ロールアウトの時点でこれほどまで完成度の高い機体を作るのは驚きだ」と語った。

式典には大物歌手が来る予定だった？

ロールアウト式典そのものも高評価だった。冒頭に地元の小学生による合唱や和太鼓の演奏を採り入れるなど「和」の雰囲気を全面的に押し出したものだった。式自体は約30分間で終わり、その後参加者が機体の周りを自由に見学できるというシンプルな内容も、好意的に受け止められた。

三菱航空機は大手広告代理店とタッグを組んで式典を行ったが、計画段階では、雰囲気を盛り上げようと大物歌手やバイオリニストらの登場も検討されたという。しかし「ＭＲＪの最大のコンセプトは『和』」（三菱航空機広報）。この原点に立ち返り、派手すぎる演出はしないことにしたのだという。結局は「和」のテーマに最も似合う、和太鼓の演

ロールアウト式典の後、記者団の取材に応じる
伊東ANAホールディングス社長

奏に落ち着いた。

ちなみに、式典はＭＲＪの機体が格納庫に入ってくるという珍しいパターンだった。通常は格納庫の外に設けられた会場に機体が引き出されてくるのが一般的な「ロールアウト」なのだが、ＭＲＪの場合「ロールイン」の式典となった。これは会場に隣接する愛知県営名古屋空港（愛知県豊山町）が航空自衛隊の小牧基地も兼ねており、機密保持などの事情で参加者を外に出せなかったからだという。いずれにせよ、さまざまな熟慮の末に、歴史に残るロールアウト式典は挙行された。

ロールアウト翌日に6000人が集結

ところで、あまり知られてはいないが、MRJはロールアウト式典の翌日に三菱航空機や三菱重工業、その下請け企業の従業員、家族らにも公開された。前日の余韻がまだ残る格納庫で、開発や製造に従事する従業員向けの見学会が開かれたのだ。集まったのは、実に6000人。前日の10倍にも上るたくさんの人が、MRJをひと目見ようと詰めかけた。

「あの部分はオレが作ったんだぞ」。翼を設計する人や胴体を作る人、リベット(鋲)で機体を組み立てる人――。これまでMRJプロジェクトに関わってきた人々が、家族らに自慢の機体を披露した。見学会に参加した三菱航空機のある社員は後日、同僚に対して「やっと自分の仕事を家族に分かってもらえるようになった」と話し、喜んでいたという。ロールアウト以降、MRJに関わる関係者の士気は、日増しに高まっている。

今後も課題は山積

初号機をお披露目したことは、MRJの知名度や従業員の士気の向上、そして何よりも販売活動に大きなプラスとなった。しかし、ＭＲＪにはまだ課題が山積しており、開発はむしろこれからが正念場だ。

最大の壁は航空当局からの「型式証明」だ。航空機は商業運航する前に国家の認証が必要となる製品。旅客機のメーカーは、機体を飛ばす国の航空当局から、安全性に関する〝お墨付き〟をもらう必要がある。

ＭＲＪはこれまで累計3年半の納入遅れに見舞われてきたが、その背景には、型式証明をどうやって取るのか不明だった点が挙げられる。開発経験が豊富な欧米では大小さまざまな事故が起きるたび、安全基準も変わり、審査項目も複雑化している。しかし日本は、長らく旅客機の開発経験がないために、こうした安全性の保証手順をゼロから構築する必要があった。

「故障しても飛ぶ」と例えられるほど、高い安全性が求められる旅客機。開発段階では、機体全体から個々の部品レベルまで、衝撃に耐える力や耐雷性など、いわゆる「耐空性能」を実際の試験結果で証明する必要がある。さらには、国際民間航空条約（シカゴ条約）では、航空機の設計・製造国がその航空機の安全性に責任を負うと定めているので、ＭＲＪの場合は欧米ではなく国土交通省が監督官庁となる。

国交省の航空局は名古屋空港にある拠点に70人規模の担当者を配置し、日々の審査業務を行っている。しかし、航空機の安全性をどのレベルで、どの手段を用いて証明すべきか開発者・航空当局ともに手探り状態だった。「安全性をどこまで証明すべきか、我々も規制当局も分からなかった。米国のサプライヤーに言わせれば『そこまでやらなくても』というレベルまで保証しようとした」。三菱重工の大宮英明会長はこう明かす。

航空機の開発では、飛行試験に入った後に遅延するケースも多い。11年に就航した米ボーイングの中大型機「787」や、14年に就航した欧エアバスの中型機「A350」は、いずれも当初の納入計画から3年以上遅れている。カナダ・ボンバルディアが開発する小型機「Cシリーズ」や、08年に初飛行した中国商用飛機の「ARJ21」なども軒並み開発遅れが続いている。

MRJも予断を許さない。初飛行を達成した後は、約30社に上るティア1（1次下請け）メーカーに対する試験結果のフィードバックや設計変更などを的確にすることが求められる。「飛行機を飛ばすことは簡単だ。型式証明を取る飛行機にするのが難しい」（三菱航空機の川井社長）。MRJは間もなく、型式証明の取得に向け、その最も難しい飛行試験に突入することになる。

種類	呼称	主な試験場所	主な試験内容
飛行試験	飛行試験初号機	米国	初飛行（日本で実施）、飛行領域拡大（最高速度や高度の確認）、電子部品など各種システムの性能確認
	飛行試験２号機	米国	機能試験、性能試験
	飛行試験３号機	日本	飛行特性の確認、電子機器類の性能確認
	飛行試験４号機	米国	内装品の性能試験、耐寒・耐熱、防氷、騒音試験
	飛行試験５号機	日本	自動操縦（オートパイロット）機能の確認
地上試験	静強度試験機	日本	静強度試験（機体に荷重をかけて強度を確認）
	疲労強度試験機	日本	疲労強度試験　（耐久性を確認）

※三菱航空機の資料を基に作成

MRJの飛行試験計画

日本よりも米国で飛ぶ方が多い？

初飛行後のＭＲＪは、どんな〝航路〟をたどるのか。三菱航空機は、日本と米国で延べ２５００時間の飛行試験を実施する計画だ。日本では最終組立工場に隣接する愛知県営名古屋空港（愛知県豊山町）を拠点に15年春から、北米では米ワシントン州のモーゼスレイク空港を拠点として15年秋から、それぞれ試験飛行を始める。

なぜ日本だけでなく米国でも飛行試験をするのか。その理由は二つ。まず日本では「着氷試験」など物理的に実施困難な試験があるので、北米の施設を借りて実施するものが一部あるため。もう一つは、日本だけでなく米国の航空当局からも型式証明を取る必要があるためだ。

前頁の表にMRJの飛行試験計画をまとめた。5機ある飛行試験機のうち3機は米国に持って行く計画だ。飛行試験初号機は初飛行を日本で済ませ、その後は米国に輸送する予定となっている。このほか2号機と4号機を、米国を拠点にして飛ばす。これらの5機で、飛行試験の時間は合計2500時間となる。

YS―11の時には、試験機を飛ばしてみてさまざまな問題が分かり、その修正に時間がかかったという経緯もある。MRJも飛行試験でどんな問題が出るか、分からない。三菱航空機のチーフエンジニアを務める岸信夫副社長執行役員技術本部長は、「個々のシステムに至るまで、一つひとつ、試験をして確認していく。ある期日までに確認するというスケジュールを立てているから、もし思ってもいないことが起きれば、夜中でも直して、スケジュールをキープする」と意気込む。

“ポストMRJ”に向けて

日本の航空機産業にとっても、MRJの登場は「世界の旅客機市場への再参入」という新時代の幕開けとなる。これまで欧米向けに部材供給にとどまり、欧米から機体を購入してきた日本だが、今後は「航空機製造国」に仲間入りすることになる。

とはいえ、ＭＲＪはあくまで、座席数１００席以下の「リージョナルジェット」。車で言えば軽自動車のようなものだ。日本は将来、ＭＲＪの後継機種開発をめぐって、欧米のような中・大型機市場に参入するかどうかという非常に重要な判断を迫られることになる。

政府は航空機産業をどう育てようとしているのだろうか。経産省航空機武器宇宙産業課の飯田陽一課長は筆者の取材に、こう答える。

「国策としては『完成機事業を継続する』ことを最も重要視する。我々（経産省）は国内に完成機メーカーがあることで、中小企業を含めた航空機産業が育ち、国内に雇用と経済発展の機会を与えてくれると信じている。市場は安定的な成長が見込まれ、欧米企業向けのティア１（１次下請け）事業や装備品産業の強化でも一定の伸びは期待できる。ただ、それでは最後にはシーリング（天井）がある。上に欧米企業が存在しているからだ。そうすると、独立した完成機事業が、航空機産業の発展に必要なことは明らかだ。完成機事業をＭＲＪの単発で終わらせず、継続させるにはどうしたら良いかという点に、国として知恵を絞らなければならない」。

しかし、ＭＲＪの後継機を考える上で、米ボーイングと競合する分野に参入するか否かは、慎重な判断が必要になる。現在、日本の航空機産業は、民間分野ではその生産高の多くがボーイング向けの部材製造となっているためだ。日本企業がボーイングと競う場合、現在の仕事を失うことにはならないのだろうか。

14年夏、一部の報道機関が「国主導で230席以下の旅客機を開発へ」という記事を打ったが、実態は宇宙航空研究開発機構（JAXA）を所管する文部科学省が将来的な選択肢のひとつとして、要素技術の開発や設備のあり方などに関するビジョンをまとめただけだった。政府はMRJ後継機の方向性をまだ決めていない。経産省の飯田課長はこう話す。

「最後は市場環境に応じて民間が事業を判断するわけだから、国が最初から『次はシングルアイル（単通路機）です』とか『大型機です』と指示することはありえない。もちろん、サイズや技術などに関して民間と議論しながら日本が差別化可能なポイントを特定し、そこに研究開発や規制のあり方を含めた環境整備といった政策はやっていく。あくまで我々が旗を振るのは『完成機事業の継続』。できれば、運航（納入）機数が増す方向で規模を拡大していきたい」。

国としては、〝単発〟に終わってしまったYS—11と同じ轍は踏まない、ということだろう。YS—11後の日本の航空機産業は、ボーイングをはじめとする欧米メーカーの下請けとして、基幹部品を供給することで発展してきた。

世界の航空市場は今後20年間、平均5％程度で安定的な成長が見込まれ、すでに重工各社の航空関連事業も順調に伸びている。しかし、それでは国全体として現状1兆5000億円規模の航空機産業を、大きく発展させることはできない。完成機事業をMRJの〝単発〟に終わらせないためにも、2020年代に就航が予測されるMRJ後継機に関する検討を、早急にスタートするべきだと筆者は考える。

日本は機体メーカー5社の統合を

最後に、〝ポストMRJ〟に向けた提言を述べたい。日本の航空機産業の売上高は年間約1兆4000億円で、世界シェアは5％程度に過ぎない。今後、欧米に比肩する規模の産業に引き上げるためには、何が必要なのか。

米ボーイングや欧エアバスの歴史を振り返ると、それぞれ企業買収や合併を経て、現在の地位を築いてきたことが分かる。ボーイングは1996年に米航空・防衛大手のロックウェル・インターナショナルを買収、97年には同じく航空・防衛大手の米マクドネル・ダグラスを吸収した。

一方のエアバスはそもそも、ボーイングに対抗しうる民間機メーカーを作ろうと欧州が〝結託〟して設立されたメーカーだ。70年にフランスとドイツによって設立され、後に英国とスペインも合流した。当初は株式会社ではなく、「相互経済利益団体（ＧＩＥ）」と呼ばれる企業連合の形式を取ったが、01年に株式会社化。２０００年代後半には、年間の受注数や生産数で王者ボーイングに肉薄するようになった。

両社ともに、草創期では現在ほどの市場シェアは持っておらず、企業規模を大きくすることで、膨大な旅客機の開発コストに耐えられる経営体力をつけてきたといえる。

翻って、日本の航空機産業を見ると、どうか。航空機を組み立てる能力を持つ「機体メーカー」だけでも、最大手の三菱重工業を筆頭に、川崎重工業や富士重工業、新明和工業、日本飛行機の5社も存在する。

旅客機の開発には長くて10年ほどの時間がかかり、大型機の場合は1兆円を超える費用が必要とされる。防衛省の予算で開発できる機体とは異なり、民間分野で新型機を開発する時にかかる重い費用負担に耐える企業規模とするには、やはり5社では多すぎはしないだろうか。

もちろん、各社にも事情はある。日本の航空機関連会社は「総合重機械」の業態である場合が多く、新型機の開発による当初の赤字を、他の事業で補う構造になっているのだ。

ある装備品メーカーの幹部はこう語る。「本当は、機体メーカー5社が統合することが、日本の航空機産業の将来にとっては理想的。しかし、現状のままでは、各社の個別の利益にはつながらない」。

これまで、ボーイングやエアバスのようなダイナミズムは日本企業にはなじまず、業界再編は起きてこなかった。しかし、将来的に欧米の〝巨頭〟2社に勝負を挑むためには、企業規模を追いかける必要もあるだろう。ポストMRJの機体を考える場合には、機体メーカー5社が民間分野を統合し、「日本航空機産業」のようなメーカーを作ることも、真剣に考えるべきだ。

MRJが経産省プロジェクトから出発したことから考えても、旅客機の開発は三菱重工業など民間企業だけで決断できるものではない。研究開発や試験設備、安全審査の体制整備などの面でも、政府の役割は極めて大きい。

もっとも、こうした〝ポストMRJ〟構想の実現も、MRJが無事に就航すればこその話だ。日本の航空機産業の行く末は、やはりMRJの成否にかかっている。翔べ、MRJ！

おわりに

「この子、ＭＲＪの初飛行が延期になったと聞いて、泣いてしまったんです」。２０１３年、三菱航空機の広報担当者は空港で開かれたイベントに出展した時、ある男の子を連れた母親からこんな言葉をかけられたという。広報担当者は「申し訳ありませんでした」と言うしかなかった。謝罪だけでは不憫《ふびん》に思い、思わず、ＭＲＪに関連したグッズをたくさん手渡したのだとか。

すでに、ＭＲＪが大空にはばたく姿を心待ちにしているファンは、全国にいる。三菱重工業の大宮英明会長は、ＭＲＪの事業化を決めた08年、新潟の老夫婦から届いたはがきを、今でも大事に手帳にしまっている。「会社を退職した年金生活者である。ささやかな楽しみは夫婦そろって海外に出かけることだが、どこに行っても搭乗するのは海外の航空機ばかり。是非ともＭＲＪに乗って海外を旅してみたい。ついては応援する意味を込めて、貴社の株を１０００株購入させてもらった」――。そのはがきにはこう書かれていたと、大宮会長は日刊工業新聞への寄稿記事で明かしている。

２０１５年は、太平洋戦争終戦から70年となる節目の年。日本の航空機産業が連合国に解体され、「空白の7年間」の憂き目にあってからも、同じく70年だ。そんな年に、メード・イン・ジャパンの翼が空を舞うことの意義深さを感じずにはいられない。ＭＲＪは間もなく初飛行を迎える。２０２０年の東京五輪には、商業運航も間に合いそうだ。

航空機という乗り物には世代や性別を超えて、人を惹きつける〝夢〟がある。筆者自身も、いつか国産旅客機ＭＲＪに乗って日本国中、いや世界中を旅することを夢見ている。初飛行延期の知らせに涙を浮かべた男の子も、今度はうれし涙を流す番だ。さまざまな人の夢を現実に変えるべく、三菱の人たちは、全力でＭＲＪを完成させようとしている。

三菱航空機の江川豪雄会長は以前、こんな話をしていた。「ＭＲＪとは『三菱リージョナルジェット』の略ですが、実はＭという文字には『みんなの』という意味も込められているんです」。近い将来、ＭＲＪは「みんなのリージョナルジェット」として、世界の空を駆けめぐるだろう。その雄姿を「みんなで」応援したい。

終わりに、本書の出版にあたり、多大なご協力をいただいた取材先の皆様、資料をご提供下さった方々、編集担当各位に、心から感謝を申し上げます。ありがとうございました。

杉本　要

◎取材協力

三菱航空機／三菱重工業／ANAホールディングス／日本航空／東京大学大学院・鈴木真二教授／上智大学・川瀬剛志教授／日本航空宇宙工業会／日本航空機開発協会

◎参考・引用文献

〈書籍〉

- 前間孝則「YS―11――国産旅客機を創った男たち」（講談社、1994年）
- 前間孝則「国産旅客機MRJ飛翔」（大和書房、2008年）
- 前間孝則「日本はなぜ旅客機をつくれないのか」（草思社、2002年）
- 杉浦一機「ものがたり　日本の航空技術」（平凡社、2003年）
- 中村浩美「YS―11　世界を翔けた日本の翼」（祥伝社、2012年）
- 鶴田国昭「『サムライ』、米国大企業を立て直す!!」（集英社、2004年）
- 堀越二郎「零戦　その誕生と栄光の記録」（角川書店、2012年）
- 大西康之「稲盛和夫 最後の闘い―JAL再生にかけた経営者人生」（日本経済新聞出版社、2013年）
- 日本航空宇宙工業会「日本の航空宇宙工業50年の歩み」（日本航空宇宙工業会、2003年）
- 日本航空機エンジン協会「航空機エンジン国際共同開発　30年の歩み」（日本航空機エンジン協会、

2011年）
・日本航空協会「日本の航空100年　航空・宇宙の歩み」（日本航空協会、2010年）
・財団法人経済産業調査会編「飛翔　航空機産業公式ガイドブック」（財団法人経済産業調査会、2008年）

〈ウェブサイト〉
・飛行神社（http://www.enrichen.co.jp/hiko/）
・東京大学（http://www.u-tokyo.ac.jp/）
・日本航空宇宙工業会（http://www.sjac.or.jp/）
・日本航空機開発協会（http://www.jadc.jp/）

◎写真提供

三菱航空機／三菱重工業／川崎重工業／富士重工業／新明和工業／青森県立三沢航空科学館／ボーイング／エアバス

＊本書に記載した機関名、肩書などは、断りのある場合を除いて取材当時のものです。

〔著者紹介〕
杉本 要（すぎもと・かなめ）
日刊工業新聞社の「航空機」担当記者。2010年に首都大学東京法学系を卒業し、日刊工業新聞社に入社。11年から名古屋支社編集部記者として、航空宇宙、セラミックス、電機・電子部品業界、名古屋市政などの分野を担当している。約50年ぶりの国産旅客機「MRJ」の取材をきっかけに航空機の世界に魅せられ、中部3県（愛知・岐阜・三重）を中心に全国の企業や自治体の取材に明け暮れる。また、英国やフランス、北米、シンガポールなど、海外の航空機産業も精力的に取材している。1987年生まれ、岩手県花巻市出身。

翔べ、MRJ
世界の航空機市場に挑む「日の丸ジェット」

NDC538

2015年3月20日　初版1刷発行
2015年4月22日　初版2刷発行

（定価はカバーに表示してあります）

編　者　日刊工業新聞社
© 著　者　杉本　要
発行者　井水　治博
発行所　日刊工業新聞社
〒103-8548　東京都中央区日本橋小網町14-1
電　話　書籍編集部　03（5644）7490
販売・管理部　03（5644）7410
FAX　03（5644）7400
振替口座　00190-2-186076
URL　http://pub.nikkan.co.jp/
e-mail　info@media.nikkan.co.jp
印刷・製本　新日本印刷（株）

落丁・乱丁本はお取り替えいたします。
2015 Printed in Japan　ISBN 978-4-526-07399-1